深智數位
股份有限公司

序言

　　軟體產品的魅力就在於開發時不需要什麼後院倉庫、昂貴設備，軟體及服務可以快速建造並測試自己的 idea。很多人的產品服務都是從 SideProject 出來的，軟體工程師一定要有自己的 SideProject，個人 Blog 是一個很好的練習題目，會涉及到畫面 JavaScript、Css、後端語法及框架、資料庫設計、發文系統、資安權限等等，除了練技巧外也可以獲得大量程式開發時需要的背景知識，Asp.Net Core 6 零基礎建立自己的 Blog 此書就分成了兩個部分，第一個部分撰寫 Web 開發工程師應該具備的相關知識以及 Asp.Net Core 6 的技術，第二部分說明如何結合前面所學建造自己的 Blog，附上兩個原始碼提供讀者學習，希望在成就感中學習到技術，在程式裡建築自己的世界。

目錄

Chapter 03　Asp.Net Core 6

Chapter **04** 相依性注入 DI 與 Middleware

Chapter **05** ASP.NET Core MVC 基礎

Chapter **06** **EntityFramework Core 6**

Chapter **07** EF Core 資料庫存取資料語法

Chapter **08** Razor

Chapter 09 HtmlHelper

Chapter **10** **TagHelper**

Chapter **11** **登入功能 - Authorization**

Chapter *Chapter* 15 部屬到 Microsoft Azure

Chapter *Chapter* 16 淺談 Docker

Chapter *Chapter* 17 IIS 部屬

製作 Blog

Appendix **D**　利用 EF 新增、編輯、查詢、刪除資料庫文章功能

Appendix **E**　製作發文頁面 - CKEditor5 安裝及使用

Appendix F 登入功能

使用環境與工具

主要推薦使用的電腦系統為 Microsoft，Visual
Studio 2022 為程式編譯環境，MS SQL Server 做為
資料庫伺服器。

1.1　Windows 安裝 VisualStudio 2022

1.1.1　下載安裝

Step 01 微軟官網下載 VisualStudio 2022。

網址：https://visualstudio.microsoft.com/zh-hant/vs/whatsnew/

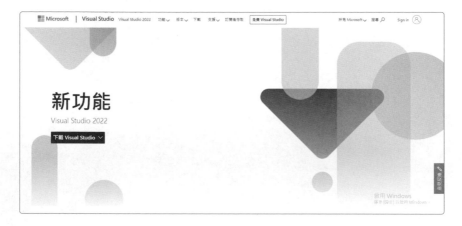

Step 02 主要需要安裝 Asp.net Core 工具，如果有少安裝之後再安裝就好。

1.2 Windows 安裝 MS SQL Server

1.2.1 下載安裝

下載 MS SQL Server 資料庫伺服器。

網址：https://learn.microsoft.com/zh-tw/sql/ssms/download-sql-server-management-studio-ssms?view=sql-server-ver16

1.2.2 登入 SQL Server

Step 01 下載安裝後，開啟 Microsoft SQL Server Management Studio 可以測試看看本地端的資料庫連線。

資料庫伺服器名稱會有以下兩種：

1. (localdb)\mssqllocaldb

2. localhost\SQLEXPRESS

Step 02 登入成功，可以進到以下畫面。

1.2.3 如何新增資料庫

Step 01 在資料庫資料夾上方 → 右鍵 → 新增資料庫。

Step 02 輸入資料庫名稱 → Blog → 新增。

Step 03 資料庫資料夾上方 → 右鍵 → 重新整理。

Step 04 可以看到剛剛新增出來的資料庫。

1.3 Mac 電腦安裝 Visual Studiio 2022

1.3.1 下載安裝

Step 01 到官網下載給 Mac 的版本。

下載連結：

https://visualstudio.microsoft.com/zh-hant/downloads/

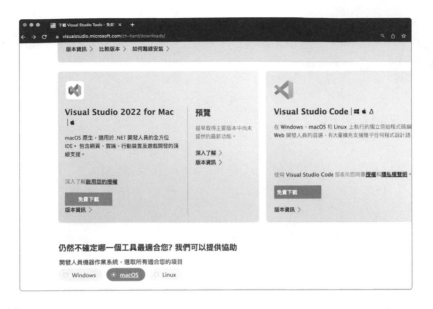

Step 02 下載好點開安裝，其他也可以裝，但我們主要用到的 .NET 的 SDK。

Step 03 點擊安裝更新之後等安裝好就可以使用了。

1.4 Mac 電腦使用 MS SQL Server、淺談 Docker

1.4.1 下載安裝

因為目前我們使用的 MS SQL Server 沒有支援 Mac 版本的電腦,但開發上一樣需要使用到資料庫,所以這邊會需要用到其他工具的結合才可以使用資料庫,利用 Docker、Azure Data Studio 建造出適用於 Mac 的資料庫。

❏ 淺談 Docker

需要用到 Docker 這項軟體所提供的技術來安裝 MS SQL Server,提供 Mac 用戶可以使用本地端資料庫。

在 Docker 裡面有兩個很重要的角色,Image(映像檔) 和 Container (容器),我們可以想像要使用的軟體會裝在一個光碟裡面,當我們使用光碟時會把光碟插入到光碟機這個容器裡面,我們就可以藉由這個光碟機使用軟體進行啟動、停止、刪除等動作,上述提到的光碟機就像是 Docker 裡面的 Container,Image 就是裝有軟體的光碟。

Mac 的安裝會有兩個版本,Arm64 或是 Amd64 兩種。

Step 01 下載 Docker。

下載連結：

https://docs.docker.com/desktop/install/mac-install/

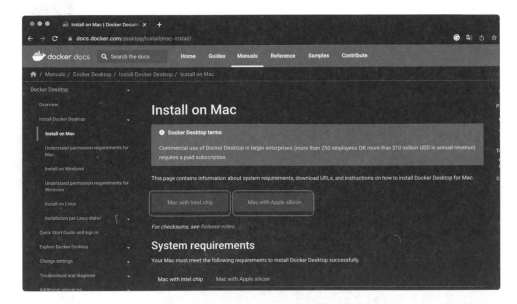

> **筆記**：選擇相對應的版本。

Step 02 安裝 Docker。

Step 03 開啟 Terminal，輸入指令來下載 MS SQL Server 的映像檔。

Step 04 輸入指令，下載遠端的映像檔。

```
liujunyao — -zsh — 80×24

Last login: Sun Dec 25 14:02:37 on ttys000
/Users/liujunyao/.zprofile:1: command not found: 'eval
/Users/liujunyao/.zprofile:1: command not found: '
/Users/liujunyao/.zprofile:2: command not found: 'eval
liujunyao@liujunyaodeMacBook-Pro ~ % docker pull mcr.microsoft.com/azure-sql-edg
e
```

Arm64 使用的指令：

```
docker pull mcr.microsoft.com/azure-sql-edge
```

Amd64 使用的指令：

```
sudo docker pull mcr.microsoft.com/mssql/server:2022-latest
```

Step 05 下載映像檔成功的話，可以在 Images 頁籤裡面，看到下載成功的
Images，範例中我就下載了兩個不同版本的 Images。

Step 06 輸入指令，執行映像檔產生容器 (Container)。

```
Last login: Sun Dec 25 14:02:37 on ttys000
/Users/liujunyao/.zprofile:1: command not found: 'eval
/Users/liujunyao/.zprofile:1: command not found: '
/Users/liujunyao/.zprofile:2: command not found: 'eval
liujunyao@liujunyaodeMacBook-Pro ~ % docker run -d --name MySQLServer -e 'ACCEPT
_EULA=Y' -e 'SA_PASSWORD=test123' -p 1433:1433 mcr.microsoft.com/azure-sql-edge
```

Arm64 使用的指令：

```
docker run -d --name MySQLServer -e 'ACCEPT_EULA=Y' -e 'SA_PASSWORD= 你的密碼 '
-p 1433:1433 mcr.microsoft.com/azure-sql-edge
```

Amd64 使用的指令：

```
docker run -d --name sql_server_test -e 'ACCEPT_EULA=Y' -e 'SA_PASSWORD= 你的
密碼 ' -p 1433:1433 mcr.microsoft.com/mssql/server:2022-latest
```

Step 07 成功的話可以看到 Container 有生成新的 Container，要注意有成功會看到 runing 的字眼。

筆記：如果安裝錯誤版本會看到 Warning 警告。

Step 08 安裝 Azure Data Studio，選擇適當的版本進行下載。

下載連結：

https://learn.microsoft.com/zh-tw/sql/azure-data-studio/download-azure-data-studio?view=sql-server-ver16

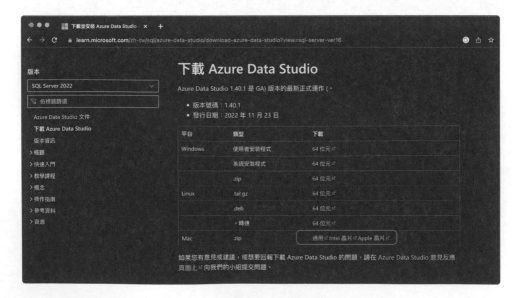

Step 09 安裝成功可以看此畫面。

Step 10 記得把 Docker Container 執行起來後,在 Azure Data Studio 連線本地端資料庫,輸入連線參數紅色圈起來的密碼部分,就是步驟 6 那時所新增的密碼。

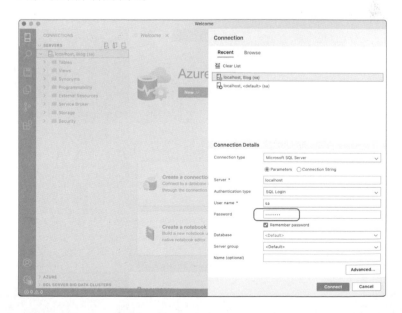

Step 11 看到 localhost 資料庫出現就是連線成功囉。

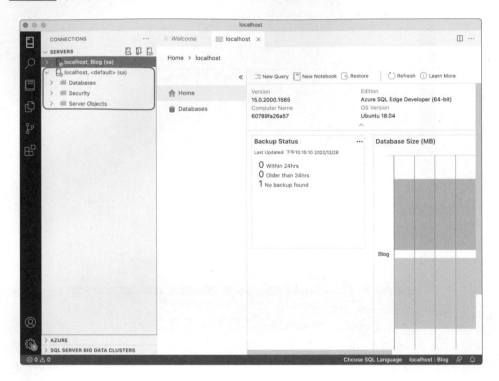

Step 12 點擊 New Query。

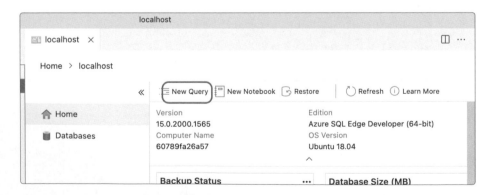

Step 13 點擊 New Query，輸入 SQL 指令，新增 Blog 的資料庫。

SQL 指令：

CREATE DATABASE Blog;

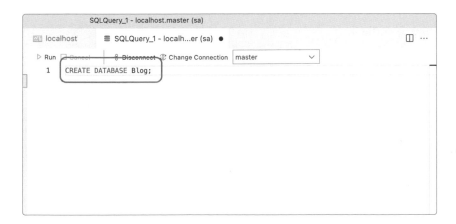

Step 14 成功畫面如下，可以看到這邊多一個剛剛新增的資料庫。

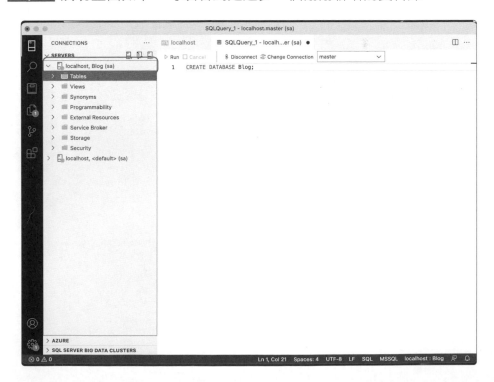

1.5 如何使用範例檔案

兩個範例檔案都使用相同流程與步驟。

❑ BasicSample：

1. 基礎程式範例的所有原始碼。

2. 測試範例原始碼。

❑ EFBlog：

屬於『製作 Blog』章節的原始碼。

BasicSample 為範例。

Step 01 開啟 appSetting.json，ConnectionStrings 設定資料庫連線字串。

程式位置：appSetting.json

```
"ConnectionStrings": { "DbString": "Server=localhost\'
//"ConnectionStrings": { "DbString": "Server=(localdb
```

Step 02 查看 Model 裡面的物件，可以直接新增資料表到資料庫裡面。

以 Azure Data Studio 為範例（Mac 適用）。

Step 03 也可以利用套件管理主控台，執行 Entity Framework 提供的 Code First 指令方式，新增資料表到資料庫。

點擊→工具→ NuGet 套件管理員→套件管理主控台→輸入指令 Update-Database。

此方式可以直接新增資料表到資料庫裡。

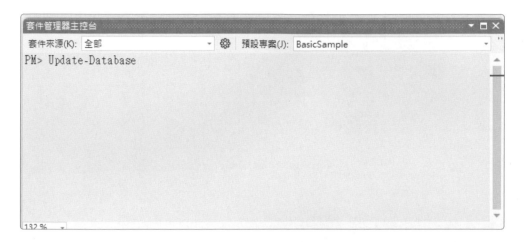

Step 04 注意資料庫是否開啟！如果沒有開啟會造成專案無法執行。 Windows 要開啟 MS SQL Server 查看是否正常。

iOS 要先啟動 Docker，啟動 SQL Server 的 Container 之後，再啟動 Azure Data Studio。

Step 05 執行專案。

注意：如果資料庫沒有開啟，會造成專案無法正常執行。

1.6 小結

1. 開發環境很重要，當然也有人會使用 Visual Studio Code 進行開發，這邊都先用 Visual Studio 進行開發。

2. 作業系統的不同，要知道怎麼安裝使用資料庫伺服器。

3. 拿到新專案時，通常會查看連線資料庫連線字串，並執行起來看看。

網站開發相關
背景知識

2.1 什麼是前端、後端

2.1.1 前端

前端泛指 UI 部分，使用者第一眼看到、觸碰、使用到的地方都是前端，像是手機 App 是一種前端、提款機畫面是前端、常見的網頁也是種前端，在網頁前端裡面瀏覽器這個應用程式就會處理 JavaScript、Css、Html 程式碼，並呈現在畫面上。

從技術上來說，執行在用戶端的程式碼都屬於前端，手機 App 需要下載 APK 檔案，要安裝在自己手機裡才可以使用。

2.1.2 後端

處理重要商業邏輯並串接資料庫的部分是屬於後端的範疇，使用者無法看得到你的程式碼邏輯，而後端通常會做成 API Server，API 是傳遞資料的一種技術，API Server 是提供 API 的電腦服務。

2.1.3 資料庫 - 後端

後端處理好的資料需要做儲存，就需要資料庫儲存用戶資料，有時候我們也可以利用資料庫執行排程或是利用 Store Procedure(預存程序) 執行邏輯運算，來分散網站伺服器的工作量。

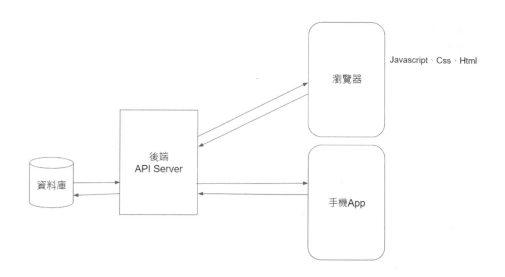

後端 API Server 負責處理邏輯運算存取資料庫資料，並跟前端溝通像是瀏覽器或是手機。

❑ 常見範例：

1. 當我們登入購物網站時，購物網站的 API Server 就會把網頁畫面，登入資料傳給瀏覽器。

2. 瀏覽器輸入資料後會透過 API 把資料傳往後端 API Server，驗證完後會把用戶資料傳入到資料庫。

3. 當我們開啟手機購物網站 App 時，一樣會透過後端 API Server 跟資料庫取得用戶資料後，用 API 傳遞資料到我們手機上的 App。

4. 由中間的 API Server 來處理、分發資料，讓我們不管是用什麼裝置都可以使用購物網站裡面的功能。

2.2　什麼是網頁框架

　　用生活中的例子解釋框架：當我們開餐廳時，我們需要考慮廚房在哪、冰箱放哪、外送窗戶怎麼設置、店面裝潢樣式等等細節，都需要我們自行從 0 開始進行建置，但如果有人規劃出了一套標準，告訴我們如果要開餐廳，我們的廚房、冰箱、店面總總的一切要怎麼做，只要用他的方法或是小工具就能開好店家，那是不是省事很多？

　　程式框架裡面也會提供很多函式庫和撰寫規則，就像有人制定了開餐廳的標準一樣，這樣有效提升開發效率、程式碼撰寫以及視讀性，讓我們可以更快速的開發，網頁框架又分為前端和後端。

2.2.1　前端 javascript 框架

程式語言	框架名稱	開發公司 / 人
JavaScript	React	Facebook
JavaScript	Angular	Google
JavaScript	Vue	Google 前端工程師 Evan You

2.2.2　後端框架

程式語言	框架
C#	ASP.NET Core、.NET 、ASP.NET Framework
Python	Django、Flask
PHP	Laravel
Java	Spring Boot
JavaScript	Node.js、Express.js
Ruby	Rails

2.3 比較 Web Application 和 API Server

2.3.1 什麼是 Web Application

　　是一種前後端結合、完整的軟體應用程式，前端程式 Html、Css、JavaScript 運行在瀏覽器上面，後端可以用很多語言來寫，此書是用 C# 來寫，同時也串接資料庫進行資料的存取，由於 Web Application 是前後端結合的網頁應用程式，所以在開發時不需要拆成兩個專案進行開，可以建置成電子商務、社交平台、銀行系統，同時也支持跨平台跨裝置。

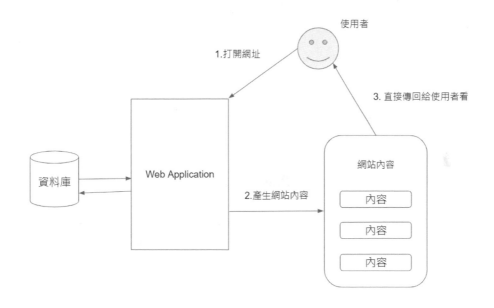

　　當使用者造訪網站時，Web Application 建置而成的網頁應用程式，會接收到 request 後向資料庫取得資料，並產生對應的內容回傳給使用者。

2.3.2 什麼是 API Server

　　API Server 是一個 Web 應用服務，用於處理 HTTP 請求和回應。API Server 通常不會有 Html 這種用戶介面，只專注於處理數據和業務邏輯，並主要用 JSON 格式傳遞資料到客戶端。

　　API 是一段網址 http://test.com，而這段往只會提供 JSON 字串內容，像是告訴你姓名和年紀。API Server 只提供各種 API 來達成前後端傳遞資料的網站伺服器。

2.3.3 API Server Vs Web Application

API Server	Web Application
通常傳 JSON 資料格式到客戶端	會傳 Html 畫面到客戶瀏覽器
用來兩台 Server 的資料傳輸	主要是傳遞畫面到用戶端，並能直接與用戶互動
API Server 通常是 Web Application 的一個後端部分 (不包含畫面)	是一個完整的應用程式網站
專注處理數據	用戶介面功能跟處理數據邏輯可以相互結合
通常使用 JWT 設計進行身分、權限的認證	仰賴 Cookie 和 Session 進行身分驗證

2.4 資料儲存

2.4.1 什麼是資料庫伺服器

資料庫伺服器是運行在電腦上的應用程式，專門用於管理和存儲結構化和非結構化的數據，同時可處理大量的請求和交易。

以下是常見的資料庫伺服器，例如 MySQL、Oracle、Microsoft SQL Server、PostgreSQL、MongoDB 等等。這些資料庫伺服器是一種軟體，安裝後它提供了一個接口並提供網路服務，允許使用者遠程創建、讀取、更新和刪除數據庫中的數據。

資料庫伺服器在現代應用程序和網站中發揮著重要的作用，是許多企業和組織的核心基礎架構之一。

2.4.2 資料庫功能

1. 資料存儲
   資料存儲是資料庫最基本的功能之一。資料庫可以存儲各種類型的數據，例如字串、數字、日期格式或是圖片、影音。

2. 資料檢索
   資料庫可以通過資料庫的程式語言，例如 SQL，讓用戶快速、輕鬆地檢索和查找存儲在資料庫中的資料。

3. 數據完整性
   在資料庫的設計中，通常會由多個資料表來記錄使用者的狀態，當我們要異動資料時，通過關聯性等設計會更新全部的資料表，讓數據保持完整性。

4. 數據安全

   資料庫可以通過身份驗證、授權或 IP 來保護數據。根據特定的使用者開發特定的權利,例如有些使用者只能查詢資料庫資料,主管級使用者可以新增、刪除資料表,或是只有特定 IP 的使用者可以連進資料庫伺服器進行操作。

5. 資料一致性

   當多個用戶訪問數據時,他們看到的數據是相同的。

6. 數據恢復

   資料庫可以提供數據恢復功能,即在系統故障或有問題時,可以透過先前備份的數據進行恢復。

7. 數據備份

   資料庫可以設定定期備份,像是每天午夜備份前一天的資料,以確保需要回復資料時有比較新的資料可以恢復。

8. 數據共享

   資料庫可以讓多個使用者、應用程式讀取資料,共享同一筆資料。

9. 效率優化

   資料庫可以進行索引、分區、壓縮等效率優化操作,以提高資料的存取速度和系統的性能或是利用程式語言進行邏輯運算,及時運算資料並儲存回資料表分擔網頁應用服務的負擔。

2.4.3 關聯與非關聯資料庫

❑ 差異

關聯式資料庫	非關聯式資料庫
資料表結構	單一個 key,對應 value 的結構
稱為關聯式資料庫	稱為 NoSQL

關聯式資料庫	非關聯式資料庫
儲存方式較為嚴謹,需考慮資料表設計	儲存方式較為彈性
使用 SQL 語法進行查詢	會使用 NoSQL 支援的程式語言進行查詢。像是,MonogoDb 裡面支援 JavaScript 查詢。
擴展性須考慮資料表設計,會有瓶頸	良好的擴展性

❑ 常見的關聯式資料庫

　　MySQL、Oracle、Microsoft SQL Server、PostgreSQL、SQLite。

> **筆記:**Microsoft SQL Server 是 Microsoft 開發的關聯性資料庫管理系統,也是本書使用的資料庫伺服器。

❑ 常見的非關聯式資料庫

　　MongoDB、Cassandra、Redis、Amazon DynamoDB、Apache HBase。

2.4.4　資料庫的使用

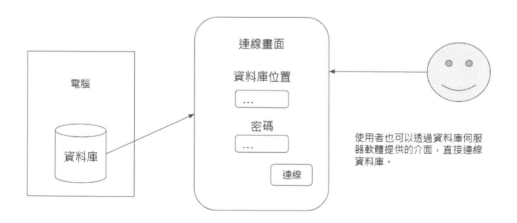

透過資料庫伺服器提供的軟體進行連線：

1. 輸入資料庫伺服器位置。
2. 設定的帳號及密碼。
3. 有些資料庫伺服器需要是訂 Port 號才可進行連結。
4. 連線成功後，可以透過程式對資料庫裡面的資料進行新增刪除修改。

❑ **使用程式連線到資料庫**

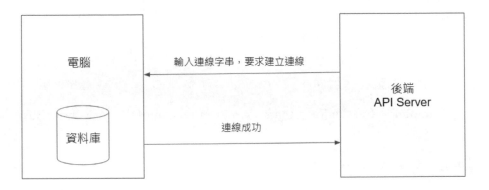

一般來說會透過以下流程利用程式連線到資料庫：

1. 安裝該程式提供連結資料庫的程式庫。
2. 調用連線資料庫的物件。
3. 輸入帳號、密碼、資料庫伺服器位置，組成連線字串。
4. 透過 TCP/IP 的方式連接資料庫。

筆記：有些情況可能連線參數正確，但還是無法連線到資料庫，可能會是被資料庫的防火牆擋住，所以須設定 IP。

2.5 輸入網址後會發生的事

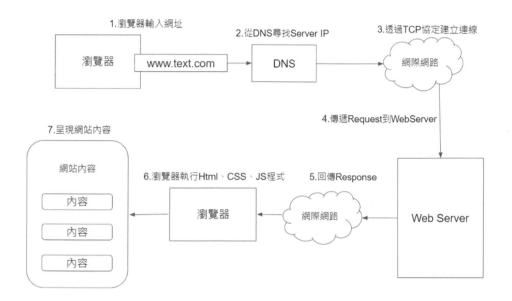

1. 瀏覽器輸入網址

www.text.com

2. 從DNS尋找Server IP

DNS

3. 透過TCP協定建立連線

網際網路

4. 傳遞Request到WebServer

7. 呈現網站內容

網站內容

內容

內容

內容

6. 瀏覽器執行Html、CSS、JS程式

瀏覽器

5. 回傳Response

網際網路

Web Server

1. 在瀏覽器上輸入網址。
2. 網址會傳遞到 DNS，並對應出相對應的網站伺服器 IP 位置。

筆記：DNS 儲存著每個網址所對應到的 IP，實際上在跟網頁伺服器建立連線時是利用 IP。

3. 跟網站伺服器依照 TCP 協定建立連線。
4. 傳遞 Request。

筆記：在網站開發過程中我們會把輸入的網址直接當作一個 Request。

像是我用瀏覽器輸入一個網址進行搜尋，可以説是我透過瀏覽器發送一個 Request 到網站伺服器。

5. 網站伺服器收到 Request 之後，會進行邏輯運算，從資料庫找出合適的資料以及呈現畫面 (View)，並組成 Response 進行回傳。

> **筆記：**在網站開發過程中，我們稱伺服器的回傳為 Response。

6. 瀏覽器接收到 Response 之後會開始解析回傳的 Html、Css、JavaScript 程式語言，並把畫面秀在瀏覽器上。

2.6 什麼是 API、如何使用 Postman 測試 API

2.6.1 什麼是 API

全名是 API (Application Programming Interface)，通常稱為服務的接口或是介面，會利用這個接口呼叫服務或是取得資訊，同時利用這個接口傳遞資料，而很多時候我們會利用 Http 通訊協定方式來傳遞資料。

白話文：

API 就是一段網址，而這一段網址可以讓你攜帶資料去跟伺服器查詢或異動資料。

2.6.2 Http 基本觀念

前面有提到 API，通常是一段網址可以讓我們去查詢、異動資料，那產生幾個問題。

要怎麼知道這個網址是誰？用什麼方法取得資料？有什麼格式嗎？為了解決以上的種種問題，我們必須了解到什麼是 Http。

Http 通訊協定，可以想像成我們請郵差送信，我們的信會放在信封裡面，這邊提到的信就是傳遞的資料內容，信封就是說明要送去哪，有一定的格式寫法。如果要透過郵差這個通訊協定傳遞資料，那就必須根據信封的規則填寫寄件者、地址等等資訊。

信	Http
信封 (說明寄件者、收信者、地址)	Header (傳遞權限)
信 (傳遞的內容)	Body (JSON 格式傳遞資訊)

當我們收到信的時候，像是收到明信片。很多時候都會回信給對方，告知對方我收到了，在 Http 通訊協定裡面也有這樣的機制，客戶端發起 Request 之後，不管結果是成功還是出現錯誤 (常見說法是 Exception) 都會有一個 Response。

2.6.3 Http 的 Header

當我們透過 Http 協定跟伺服器讀取資料的時候，傳輸規則裡面有分兩個部分 Header 和 Body，我們先來討論一下 Header 會傳輸的資料，主要會傳目標對象主機、訊息長度、編碼類型等等，Header 內容主要是名稱對應數值，每個名稱會對應的值會用分號分開。

```
Content-Type: "application/json"
User-Agent: "PostmanRuntime/7.29.0"
Accept: "*/*"
Cache-Control: "no-cache"
Postman-Token: "ac389b22-8c84-4cb3-805c-6d316a21c130"
Host: "example.com"
Accept-Encoding: "gzip, deflate, br"
Connection: "keep-alive"
Content-Length: "40"
```

2.6.4 Http 的 Body

會分成 Header 和 Body 的原因是一開始 Http 的發展客戶端並不需要傳很多資料到伺服器，所以只需要把資料都裝在 Header，後來客戶端可以上傳檔案了就會需要傳遞資料到伺服器，所以就多了 Body 的設計。

```
'Request Body ☑
{
     "Name": "jack",
     "Age": 12
}
```

筆記：
1. 在 Http 裡面如果要傳送許多資料到伺服器裡面就必須把資料放在 Body 裡面。
2. Post、Put 等等類型的 Http 動作才可以使用 Body，Get 是不能使用夾帶內容在 Body 裡。
3. 可攜帶 JSON、圖片、表單數據等等的內容。

2.6.5 Request 和 Response 實例

只要有發起 Request 就會有 Response，即使伺服器有問題，也會回報各種 Http 的狀態錯誤代碼，常見的錯誤像是等太久、沒有權限等等。

❑ Http Get Request：

Http 裡面的 Header 會攜帶的內容 (Postman 為範例)：

這是一個 Http Get 的範例，可以看到 Header 的資訊。

```
⊞  ⊘ Online   Q Find and Replace      ⊡ Console

  ▼ GET https://example.com/
    ▼ Network
      ▼ addresses: {…}
        ▼ local: {…}
            address: "192.168.0.15"
            family: "IPv4"
            port: 31973
        ▼ remote: {…}
            address: "93.184.216.34"
            family: "IPv4"
            port: 443
      ▸ tls: {…}
    ▼ Request Headers
        User-Agent: "PostmanRuntime/7.29.0"
        Accept: "*/*"
        Cache-Control: "no-cache"
        Postman-Token: "c386a698-cb1a-43f3-a4b5-0904e1ad4308"
        Host: "example.com"
        Accept-Encoding: "gzip, deflate, br"
        Connection: "keep-alive"
```

❑ Http Get Response：

```
  ▸ Response Headers
      Content-Encoding: "gzip"
      Age: "448285"
      Cache-Control: "max-age=604800"
      Content-Type: "text/html; charset=UTF-8"
      Date: "Sun, 26 Feb 2023 08:59:29 GMT"
      Etag: ""3147526947+gzip""
      Expires: "Sun, 05 Mar 2023 08:59:29 GMT"
      Last-Modified: "Thu, 17 Oct 2019 07:18:26 GMT"
      Server: "ECS (oxr/831B)"
      Vary: "Accept-Encoding"
      X-Cache: "HIT"
      Content-Length: "648"
```

❏ **Http Post Request：**

裡面包含 Header 和 Body 的內容。

```
▼ POST https://example.com/
  ▶ Network
  ▼ Request Headers
    Content-Type: "application/json"
    User-Agent: "PostmanRuntime/7.29.0"
    Accept: "*/*"
    Cache-Control: "no-cache"
    Postman-Token: "087b5a05-437d-411f-9276-bdaadd9a8d08"
    Host: "example.com"
    Accept-Encoding: "gzip, deflate, br"
    Connection: "keep-alive"
    Content-Length: "40"
  ▼ Request Body  ⎙
    {
        "Name": "jack",
        "Age": 12
    }
```

❏ **Http Post Response：**

```
▼ POST https://example.com/
  ▶ Network
  ▶ Request Headers
  ▶ Request Body  ⎙
  ▼ Response Headers
    Accept-Ranges: "bytes"
    Cache-Control: "max-age=604800"
    Content-Type: "text/html; charset=UTF-8"
    Date: "Sun, 26 Feb 2023 08:51:58 GMT"
    Etag: ""3147526947""
    Expires: "Sun, 05 Mar 2023 08:51:58 GMT"
    Last-Modified: "Thu, 17 Oct 2019 07:18:26 GMT"
    Server: "EOS (vny/044E)"
    Content-Length: "1256"
  ▼ Response Body  ⎙
    <!doctype html>
```

```
<html>
<head>
    <title>Example Domain</title>

    <meta charset="utf-8" />
    <meta http-equiv="Content-type" content="text/html; charset=utf-8" />
    <meta name="viewport" content="width=device-width, initial-scale=1" />
    <style type="text/css">
    body {
        background-color: #f0f0f2;
        margin: 0;
        padding: 0;
```

筆記：在 Http 裡面，如果要傳送許多資料到伺服器裡面，就必須把資料放在 Body 裡面。

2.7 如何使用 Postman

Postman 是常用測試 API 的工具，熟悉這項工具是重要的。

Step 01 搜尋 postman。

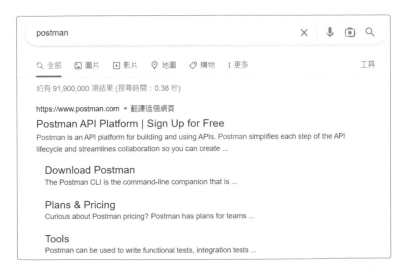

Step 02 進入官網後，選擇你的電腦環境進行下載。

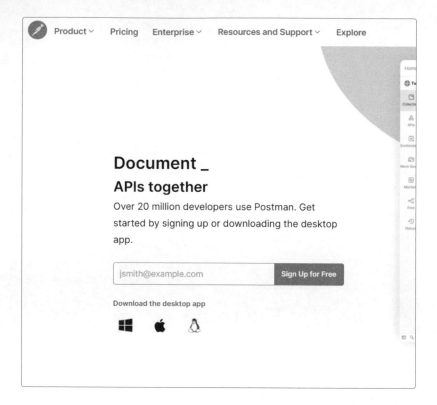

Step 03 這邊以 Windows 為範例，點擊下載。

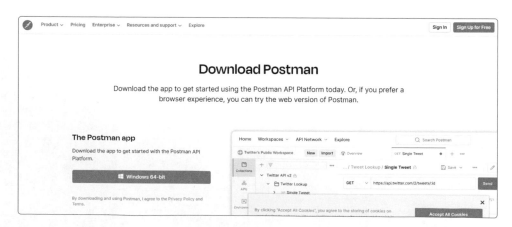

Step 04 安裝後會看到以下畫面，點擊 Collections，這邊可以新增資料夾
做分類。

Step 05 點擊加號。

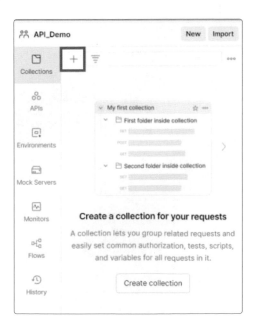

Step 06 輸入測試。

Step 07 點擊 API 功能。

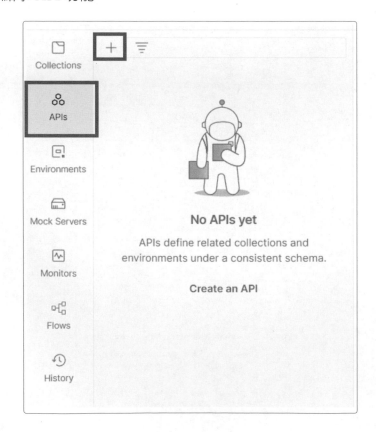

Step 08 新增一支 API。

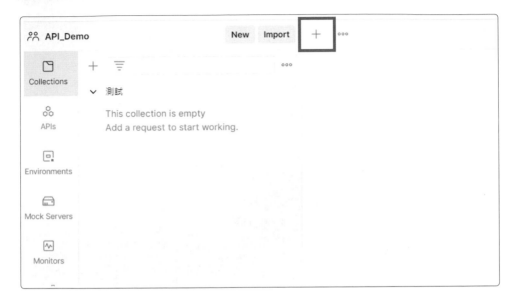

Step 09 輸入測試 API 名稱,以及 Http 的方法。

Step 10 如果測試的 API 是有權限控管的類型，這邊可以進行選擇。

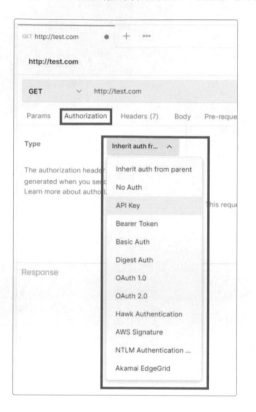

Step 11 輸入需要用到的 Header，通常可以用預設的，但有時候會有客製化的 Header 需要輸入。

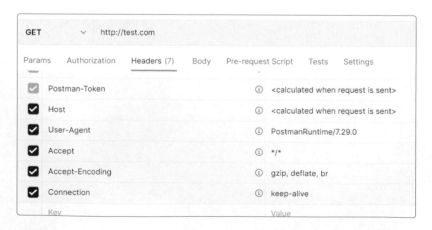

Step 12 這邊是 Body 部分，如果選擇 none 的話，就代表不會傳出 body 內容。

GET ∨	http://test.com

Params   Authorization   Headers (7)   **Body**   Pre-request Script   Tests   Settings

● none   ● form-data   ● x-www-form-urlencoded   ● raw   ● binary   ● GraphQL

This request does not have a body

> **筆記**：如果是使用 Http 的 Get 要注意，Body 部分必須選擇 none，不然會出現錯誤。

Step 13 把 API 儲存起來。

SAVE REQUEST

Request name

http://test.com

Add description

Save to   API_Demo / 測試

≡ Search for collection or folder

This collection is empty

New Folder   Cancel   **Save**

Step 14 成功後就會在一開始的資料夾看到剛剛測試的 API 了。

2.8 版本控制 Git

2.8.1 什麼是版本控制

當我們在進行開發的時候，通常都會需要好幾個禮拜或是幾個月的開發，又有可能多數的人進行開發，同時開發同一個專案容易造成程式碼容易出錯，也容易發生同一支功能函式每個人改得都不同而造成錯誤，導致開發嚴重落後，嚴重還可能發生專案損毀無法復原。

為了解決多人開發會造成衝突或是程式開發異動的紀錄，就出現了 Git 版本控制工具，Git 可以幫助我們紀錄程式碼的異動、誰異動資料、參與開發的人有誰等等的資訊。

2.8.2 如何安裝 Git 及初始化

Step 01 google 搜尋 Git。

Step 02 官方首頁，點及下載。

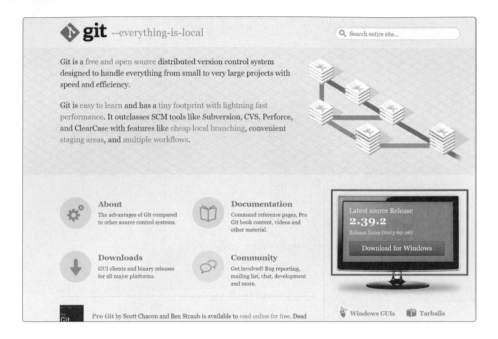

Step 03 執行起來，一直按下 Next 直到裝好就完成了。

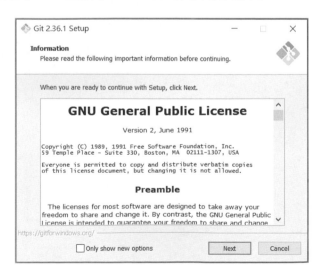

Step 04 完成後點滑鼠右鍵，會看到 Git Bash 的功能。

Step 05 開啟新的資料夾，選擇 Git Bash。

Step 06 輸入 git init。

Step 07 會出現本地端 Git 設定檔,會由這個檔案進行本地端版本的控制。

2.8.3 Git 基礎邏輯與指令

Git 的邏輯可以想成把撰寫的程式碼整個專案打包成一體，並貼上標籤説明説這次的程式改動了什麼做了什麼事，最後在發佈到雲端資料庫進行備份。

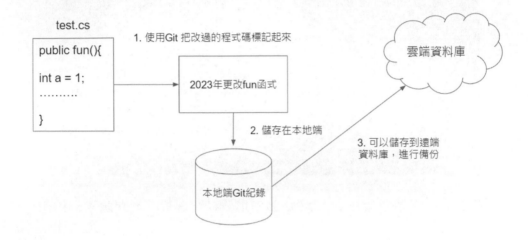

Git 運作邏輯：

1. 假設我們在 test.cs 裡面做更改。
2. 這時使用 Git 工具，把剛剛更改的程式標記起來。
3. 確認好後記錄在本地端。
4. 本地端記錄好之後，上傳到雲端進行備份。

使用 Git 是一種需要下指令才可以使用的工具，以下就是常見的指令：

1. git init
   新增本地端 git 紀錄與設定檔。

2. git remote add origin https://github.com/test/test.git
   雲端的 git 儲存位置記錄到本地端的 git 裡面。

3. git add .
   標記有哪些修改過的檔案要記錄到本地端 git 裡面。

4. git commit -m " 輸入修改的內容 "
   輸入說明修改的內容，並儲存記錄到本地端的 git 裡面。

5. git push origin origin
   儲存至雲端 git。

6. git pull master origin
   讀取雲端 git 的紀錄。

7. git checkout -b BranchName
   本地端開啟分支，分支讓我們可以撰寫另一個版本的程式碼。

8. git checkout BranchName
   切換到本地端不同的分支。

9. git merge BranchName
   合併其他分支的程式碼。

2.8.4 常見情境

　　Git 也是開發環節裡面一個最重要的技術，本書介紹常見情境提供大家參考，帶領從未使用過 Git 的人入門，但在使用時一定會遇到許許多多的問題，實際開發情況還是需要經驗累積及頻繁使用 Git 才能熟練其中的原理。

1. 新建 GitHub

Step 01 註冊、登入 GitHub。

Step 02 新增 Repository，建立雲端存放程式碼的空間。

Step 03 輸入 Repository 的名稱。

Create a new repository

A repository contains all project files, including the revision history. Already have a project repository elsewhere? Import a repository.

Owner *

/ Repository name *

Test ✓

Great repository names are short and memorable. Need inspiration? How about glowing-funicular?

Description (optional)

⊙ Public
Anyone on the internet can see this repository. You choose who can commit.

○ Private
You choose who can see and commit to this repository.

Step 04 點擊新增。

2. 初始化 git，並 push 到雲端 Repository

指令順序：

1. git init

2. git add .

3. git commit -m "first commit"

4. git remote add origin git@ 遠端 Repository 名稱 /Test.git

5. git push origin master

3. push 正常

指令順序：

1. git add .

2. git commit -m " 修改內容的説明 "

3. git push origin master

4. Pull 專案進行更改

指令順序：

1. git pull origin master

5. Pull 後出現 conflict

指令順序：

1. git pull origin master

2. 修改程式碼

3. git add .

4. git commit -m " 修改內容的説明 "

5. git push origin master

6. merge 分之後出現 conflict

指令順序：

1. git merge 分支名稱
2. 出現了衝突（Conflict）
3. 解決衝突
4. git add .
5. git commit -m"merge branch"
6. git push origin master

2.9　練習題

1. 前後端差在哪裡？

2. 什麼是程式框架？

3. 用瀏覽器搜尋網站時會發生什麼事呢？

4. 怎麼使用 Postman 打 API 呢？

5. 如何使用 Git 把自己的專案放到 GitHub 上？

6. HttpHeader 跟 HttpBode 有什麼差異？

7. 什麼是關聯資料庫？

Asp.Net Core 6

3.1 Asp.Net Core 介紹

ASP.NET Core 是一種跨平臺、效能高的程式碼架構,主要用於建置網頁應用程式。

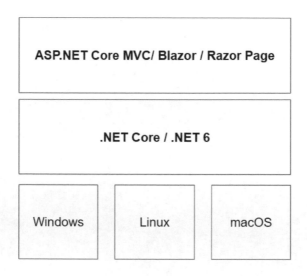

ASP.NET Core 基於 .NET Core 或是 .NET 6 的平台下,可以跨平台運行,最上面一層是網頁應用服務,常見的有 Blazor、Razor Page、MVC 架構和 API Server。

3.1.1 ASP.NET Core 的好處

1. Web UI 和 Web API 統一的架構。
2. 方便撰寫單元測試。
3. 能跨平台執行。
4. 有開放的原始碼。
5. 可撰寫 gRPC 遠單程序呼叫。
6. 比起 ASP.NET 4.X 版本,有重新設計架構,架構上更模組化。
7. 容易裝載於各類型網站伺服器。

3.1.2 建議學習方向

優先度	應用程式類型	說明
1	Asp.Net Core MVC	包含技術除了 .NET 的框架需要學習之外,也需要學習前端技術 HTML、CSS、JavaScript,廣度很高可以先了解網頁開發的全貌。
2	Web API	主要技術會在 .NET 框架的學習,以及資料庫學習。
3	即時應用程式 SignalR	應用上很多時候需要與客戶端進行即時的資訊交流,當我們熟悉前面的開發後,才進行即時應用程式的開發。
4	遠端程序呼叫 gRPC	分散式應用,等有一定的基礎後進行學習才能融會貫通。

注意:此書著重於 Asp.Net Core MVC 的開發介紹!

3.1.3 比較 ASP.NET Core 與 ASP.NET 4.X

ASP.NET Core	ASP.NET 4.X
跨平台開發	Windows 建置
每個電腦有多版本像是 .net core 3.0、.Net 6、.Net 7	只能有一個版本
可使用 Visual Studio、Visual Studio for Mac、Visual Studio Code 開發	使用 Visual Studio 開發
效能比 ASP.NET 4.x 更高	良好的效能
使用 .NET Core、.NET 6 Runtime	使用 .NET Framework Runtime

筆記:

1. Runtime 稱為執行階段,ASP.NET Core 執行階段是支持跨平台的關鍵組件之一,它提供了一個獨立的、可移植的運行環境,使得開發者可以在不同的平台上開發和運行 .NET Core 應用程序。

2. 可見 ASP.NET Core 的執行環境,也就是 Runtime 部分就已經跟 ASP.NET Framework 不同了。

3.1.4 ASP.NET Core Runtime 主要功能

1. 編譯 .NET Core 應用程式，編譯成可執行的檔案，並且可以在支援 .NET Core 的平台上運行。
2. .NET Core Runtime 也可以直接執行已經編譯好的 .NET Core 應用程式。
3. 處理 .NET Core 應用程式裡面標準程式庫與第三方套件的相依性。
4. 支援跨平台開發。

3.2 ASP.NET Core 基礎

3.2.1 應用程式啟動 (Program.cs)

當程式啟動時一定會有一個起始檔案，很多程式會有 main() 函式，這是系統預設的方法，在應用程式啟動時會先執行 main() 這一個方法。在 ASP.NET Core 6 或是 7 版本裡面已經省略了 main 這一個方法，但 startup.cs 檔案或是 program.cs 檔案被預設成系統啟動時第一個會執行的檔案。

Program.cs 檔案是應用程式服務的核心檔案，這個檔案就代表著整個應用程式服務的功能設定，包括是網頁服務還是 API 服務，如何處理 API 的 Request，怎麼連結資料庫等等的功能都會從這邊設定。

.NET 6、7 版本底下有幾種應用程式服務支援 Program.cs 為啟動檔案：

1. APS.NET Core MVC。
2. Razor Pages。
3. Blazor。
4. Web API。

❑ 程式範例：

Step 01 開啟 Program.cs。

程式位置：Program.cs。

```
Program.cs
EFBlog
1  var builder = WebApplication.CreateBuilder(args);
2  var app = builder.Build();
3
4  app.MapGet("/", () => "Hello World!");
5
6  app.Run();
7
```

筆記：

1. Program.cs 是這個專案的最一開始會執行的檔案。

2. WebApplication 這個物件使用 CreateBuilder 這個方法，來建立起這個網站應用程式，app 就是剛剛建立起來的網站應用程式。

```
var builder = WebApplication.CreateBuilder(args);
var app = builder.Build();
```

3. 網站應用程式使用 MapGet() 功能，當登入首頁時會秀出 "Hello World!" 這些字。

```
app.MapGet("/", () => "Hello World!");
```

4. 啟動這個網站應用程式。

```
app.Run();
```

3.2.2 相依性注入服務

之後的章節會再討論一次相依性注入因為這是很重要的觀念,這邊先淺談。

相依性注入服務是一種是用物件裡面方法的方式,可以理解為有兩個動作,第一個動作為註冊物件到服務裡,第二個動作為相依性注入使用這個物件裡面的方法。

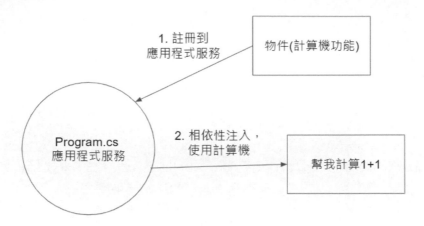

> **筆記:**
> 1. 計算機功能的物件會註冊到 Program.cs 應用程式服務裡面。
> 2. 當我在撰寫薪資系統時,需要用到計算機功能幫我計算不足月的薪資金額,就會請系統給我先前註冊到應用程式服務裡面的功能讓我計算,讓我使用計算機功能的這個動作稱為相依性注入。

3.2.3 中介軟體 Middleware

中介軟體稱為 Middleware,第一時間處理 Request 以及 Response,我們發出的要求 (Request) 乘載的很多資訊,像是 Cookie、角色授權、Url Route、是否有 TLS 等等,如果出現錯誤便會處理 Exception,而處理 Exception 錯誤的程式其實也是一個中介軟體。

白話文：

中介軟體是專門處理 Request 和 Response 裡面資訊的程式，而這些程式寫在 Program.cs 裡。

筆記：如果不懂什麼是 Request，請前往第二章探討 API 的章節。

3.2.4 伺服器 Server

伺服器專門處理網際網路 (HTTP) 的程式，當用戶要連結到我們的網站時，他們會用自己的電腦或是手機，透過網際網路連線到我們的伺服器並存取我們的網站內容，為了要好好說明伺服器的功能，這邊先介紹網際網路 HTTP 傳輸協定傳送一筆資料的流程。

HTTP 傳輸協定的傳輸流程如下：

1. **建立連接**：客戶端與伺服器建立 TCP 連接。

   TCP 是三次握手協議，以下是大致上流程：

   (1) 客戶端用戶會先跟伺服器說：「嗨，伺服器。我能連線嗎？」。

   (2) 伺服器接收到請求後，回應客戶端說：「嗨，客戶端。可以喔！」。

   (3) 客戶端接收到伺服器的回應連線資訊後，會再傳遞訊息告訴伺服器說：「好，那我要傳訊息囉。」

2. **發送請求**：客戶端向服務器發送 HTTP 請求。請求報文中包含請求方法、URI、HTTP 協議版本、請求首部字段等信息。

3. **接收請求**：服務器接收到請求報文後，進行解析，並根據請求的內容做出相應的處理。

4. **發送響應**：服務器向客戶端發送 HTTP 響應。

   響應報文中包含響應狀態碼、HTTP 協議版本、響應首部字段等信息。

5. **接收響應**：客戶端接收到響應報文後，進行解析，並根據響應的內容進行相應的處理。

6. **關閉連接**：當 HTTP 請求響應結束後，客戶端與伺服器會進行 TCP 連接的關閉。

> **筆記**：當用戶透過手機或是瀏覽器連上我們的網站，就會發起一個 Request，而這個 Request 透過 HTTP 傳輸協定，傳到伺服器裡 (就是 Server Kestrel)，Server Kestrel 就會做以下幾個事情建立連接、接收請求、發送響應、關閉連接。

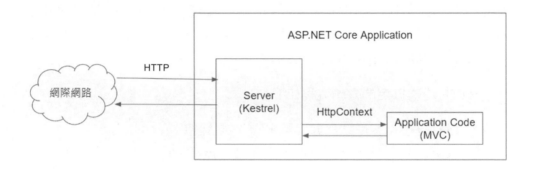

此圖說明網際網路與 ASP.NET Core Application 裡面的伺服器和 Application Code 之間的關係。Server (Kestrel) 接受到請求之後，會把資料轉為 HttpContext 的物件，提供我們系統裡面所撰寫的 Controller 使用。

3.2.5 主機 Host

主機 (Host) 是封裝全部應用程式資源的物件，提供基礎功能網站連接、配置系統、日誌紀錄，主機又分為一般主機和 Web 主機。

以下功能都會封裝在主機裡面：

1. 相依性插入 (DI)。

2. 記錄。

3. 組態。

4. IHostedService 實作。

在 ASP.NET Core 6，Program.cs 第一行會執行以下指令，這條指令會直接幫我們設定好伺服器以及 Web 主機。

```
var builder = WebApplication.CreateBuilder(args)
```

當執行 WebApplication.CreateBuilder 會做以下幾件事：

1. 設定伺服器類型。

2. 設定應用程式根目錄。

3. 設定主機組態，讀取 launchSettings.json。
   (也就是主機的設定參數，通常名稱會是 ASPNETCORE_ 的名稱)

4. 讀取應用程式設定檔 appSettings.json。

5. 設定主控台 (Console) 輸出的偵錯 (Log)。

6. DI 相關程式裝載至 Host 裡面。

7. 啟用 Host 執行，app.Run()。

3.2.6 設定 Settings

設定參數像是連線資料庫、應用程式執行環境 (Production、Development)、Port 號、第三方 API 位置或是帳號密碼等等，通常會當作是參數並設定在參數檔裡面，appSettings.json 是系統預設的參數檔，我們還可以讓系統讀取我們自行設定的參數檔。

❑ appSettings.json 設定：

程式位置：appSettings.json。

```
appsettings.json ⊞ ✕
結構描述: <未選取結構描述>
 1   ⊟{
 2       "Logging": {
 3         "LogLevel": {
 4           "Default": "Information",
 5           "Microsoft.AspNetCore": "Warning"
 6         }
 7       },
 8       "ConnectionStrings": { "DbString": "Server=(localdb)\\MSSqlLocalDb;Database=BasicSample;" },
 9       "ThirdpartyAPI": {
10         "Pay": "http://pay.com",
11         "CustomerA": "http://testcustomer.com"
12       },
13       "AuthSecret": {
14         "Name": "testJim",
15         "Pwd": "jiNd.3*dfjkdL"
16       },
17       "AllowedHosts": "*"
18   }
```

> **筆記：** 這邊我們可以自行設定系統會用到的參數，像是權限密碼、連線字串、第三方 API Url 等等，這是系統預設的參數檔，當系統執行起來時會自動抓取裡面的設定。

launchSettings.json 設定，主要有三大區塊：

❑ iisSettings：

使用 IIS 發佈的設定。

```
"iisSettings": {
  "windowsAuthentication": false,
  "anonymousAuthentication": true,
  "iisExpress": {
    "applicationUrl": "http://localhost:47235",
    "sslPort": 44370
  }
},
```

❑ profiles：

使用預設 Kestrel 伺服器發佈的設定。

```json
"profiles": {
  "BasicSample": {
    "commandName": "Project",
    "dotnetRunMessages": false,
    "launchBrowser": true,
    "applicationUrl": "https://localhost:7213;http://localhost:5214",
    "environmentVariables": {
      "ASPNETCORE_ENVIRONMENT": "Development"
    }
  },
```

❑ IIS Express：

使用 IIS Express 發佈的設定。

```json
"IIS Express": {
  "commandName": "IISExpress",
  "launchBrowser": true,
  "environmentVariables": {
    "ASPNETCORE_ENVIRONMENT": "Development"
  }
}
```

屬性名稱	說明
windowsAuthentication	Windows 驗證設定
anonymousAuthentication	匿名驗證設定
applicationUrl	網站 Url，如果要改變網站 port 從這邊修改
sslPort	SSL 埠號
commandName	應用程式模式
dotnetRunMessages	是否輸出
launchBrowser	執行起來後是否開啟瀏覽器
ASPNETCORE_ENVIRONMENT	執行環境參數 (正式環境、測試環境)

實作情境裡很多需要需要用到客製化參數檔：

Step 01 新增 Configuration 資料夾以及 ini、json、xml 的參數檔。
程式位置：BasicSample/Configuration

1. Xml：

```xml
<?xml version="1.0" encoding="utf-8" ?>
<configuration>
    <owner>
        <NameXml>
            Jim Jim
        </NameXml>
        <AgeXml>998</AgeXml>
    </owner>
    <house>
        <addressXml>台北市</addressXml>
        <portXml>144</portXml>
    </house>
</configuration>
```

2. JSON：

結構描述: <未選取結構描述>

```json
{
    "JsonConfig": {
        "name": "Jim 992 ",
        "age": 99
    }
}
```

3. INI：

```
TestINI.ini + ×
    1   [owner]
    2   name=Jim
    3   Age=99
    4
    5   [house]
    6   ; 註解寫法
    7   address=新北市
    8   port=143
```

Step 02 開啟 program.cs 讀入參數檔。

```
builder.Configuration
    .AddIniFile(x => x.Path = "Configuration/TestINI.ini");

builder.Configuration
    .AddXmlFile(x => x.Path = "Configuration/TestXML.xml");

builder.Configuration
    .AddJsonFile(x => x.Path = "Configuration/TestJson.json");
```

Step 03 新增 Controller。

```
SettingsController.cs + ×
BasicSample                                      BasicSample.Co
    1       using Microsoft.AspNetCore.Mvc;
    2
    3       namespace BasicSample.Controllers
    4       {
                0 個參考
    5           public class SettingsController : Controller
    6           {
                    0 個參考
    7               public IActionResult GetINI()
    8               {
    9                   return View();
   10               }
   11
                    0 個參考
   12               public IActionResult GetJson()
   13               {
```

```
14              return View();
15          }
16
            0 個參考
17   ⊟      public IActionResult GetXml()
18          {
19              return View();
20          }
21      }
22   ⌐}
```

Step 04 在 Views/Settings 路徑下新增以下 cshtml 畫面檔。

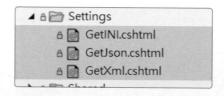

1. Xml：

```
GetXml.cshtml  ⊼ ✕
1       @using Microsoft.Extensions.Configuration
2       @inject IConfiguration _config
3
4
5       <h3>Xml Configuration</h3>
6
7   ⊟<div>
8           @_config["owner:NameXml"]
9
10          @_config["owner:AgeXml"]
11      </div>
12
13
14  ⊟<div>
15          @_config["house:addressXml"]
16
17          @_config["house:portXml"]
18      </div>
19
```

2. JSON：

```
GetJson.cshtml  ┅ ×
 1        @using Microsoft.Extensions.Configuration
 2        @inject IConfiguration _config
 3
 4
 5        <h3>Json Configuration</h3>
 6
 7      ⊟<div>
 8           @_config["JsonConfig:name"]
 9        </div>
10
11      ⊟<div>
12           @_config["JsonConfig:Age"]
13        </div>
```

3. INI：

```
GetINI.cshtml  ┅ ×
 1        @using Microsoft.Extensions.Configuration
 2        @inject IConfiguration _config
 3
 4
 5        <h3>INI Configuration</h3>
 6
 7      ⊟<div>
 8           @_config["owner:name"]
 9
10           @_config["owner:Age"]
11        </div>
12
13
14      ⊟<div>
15           @_config["house:address"]
16
17           @_config["house:port"]
18        </div>
19
```

Step 05 執行起來後就可以看到，設定的參數檔設定被呈現出來。

> **筆記**：這邊可以注意到，也可以在前端畫面使用相依性注入的技術。

3.2.7 選項

選項 Option 介面可以實作物件，並用此物件讀取參數檔設定，以達到以下目的。

1. 封裝
   在 ASP.NET Core 裡面，商業邏輯如果要使用參數檔內容，就應該藉由物件讀取參數檔內容，而不是直接讀取參數檔設定，所謂的封裝是指應用程式跟參數檔是兩個不同的程式應用，應用程式封裝成一部分，參數檔自己是一部分，這兩個是沒有關聯的。

2. 降低耦合度
   由於應用程式以封裝成一部分，跟參數檔沒有直接關係，這樣就降低了耦合度。

❏ 程式範例：

Step 01 新增 Option 資料夾以及讀取參數檔物件。

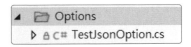

Step 02 新增參數檔 TestOption.json。

```
TestOption.json  ⇥ ×
結構描述: <未選取結構描述>
1  {
2      "JsonConfigTestOption": {
3          "name": "Jim Test Option ",
4          "age": 999
5      }
6  }
```

Step 03 撰寫讀取參數檔的物件內容。

```
TestJsonOption.cs  ⇥ ×
BasicSample                                    BasicSample.Opt
1  namespace BasicSample.Options
2  {
       3 個參考
3      public class TestJsonOption
4      {
           1 個參考
5          public string name { get; set; } = string.Empty;
           1 個參考
6          public int age { get; set; }
7      }
8  }
```

> **筆記：** 因為要讀取 name、age 兩個欄位，所以物件裡面要有這兩個屬性。

Step 04 開啟 Program.cs，讀取參數檔。

```
builder.Configuration
    .AddJsonFile(x => x.Path = "Configuration/TestOption.json");
```

Step 05 開啟 Program.cs，物件綁定參數檔。

```
builder.Services.Configure<TestJsonOption>(
    builder.Configuration.GetSection("JsonConfigTestOption"));
```

Step 06 新增 OptionController。

程式位置：BasicSample/Controllers/OptionController

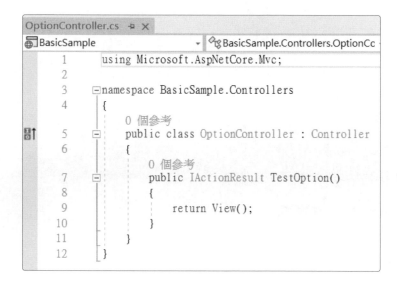

Step 07 新增 TestOption.cshtml 前端畫面。

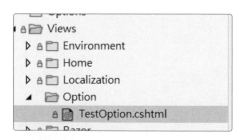

Step 08 開啟 TestOption.cshtml，相依性注入 IOption 介面。

程式位置：BasicSample/Views/Option/TestOption.cshtml

```
TestOption.cshtml  ⊞ ×
    1        @using BasicSample.Options
    2        @using Microsoft.Extensions.Options
    3        @inject IOptions<TestJsonOption> opt
    4    ⊟@{
    5    │      var _opt = opt.Value;
    6      }
    7
```

> **筆記**：這邊要注意！使用 IOptions 泛型裡面設定要使用 TestJsonOption 這個物件所對應到的參數檔！如果設定錯誤，傳入錯誤的物件會導致讀不到參數檔內容。

Step 09 使用參數檔內容。

```
<h3>Option 讀取設定檔</h3>
<div>@_opt.name</div>
<div>@_opt.age</div>
```

Step 10 執行結果。

3.2.8 環境

　　環境是一個很小的環節，卻也是重要的觀念。在開發過程中至少都會有兩個環境，一個開發環境，另個是正式環境，正式環境是指我們設定的設定參數或是功能，是給真正的客人使用的，而開發環境是我們人員自己在開發時使用的環境，開發時所使用的參數都有可能是臨時造假以增加開發效率。

❑ 如何設定環境：

這邊主要介紹一種常見變更環境的方式，打開 launchSettings.json，只需要更改 ASPNETCORE_ENVIRONMENT 參數就可以更改環境，目前提供 Stage、Production、Development 這三種環境。

程式位置：BasicSample/Properties/launchSettings.json

```
launchSettings.json  ⊓ ×
結構描述：<未選取結構描述>
 1  {
 2    "iisSettings": {
 3      "windowsAuthentication": false,
 4      "anonymousAuthentication": true,
 5      "iisExpress": {
 6        "applicationUrl": "http://localhost:47235",
 7        "sslPort": 44370
 8      }
 9    },
10    "profiles": {
11      "BasicSample": {
12        "commandName": "Project",
13        "dotnetRunMessages": false,
14        "launchBrowser": true,
15        "applicationUrl": "https://localhost:7213;http://loca
16        "environmentVariables": {
17          "ASPNETCORE_ENVIRONMENT": "Production"
18        }
19      },
20      "IIS Express": {
21        "commandName": "IISExpress",
22        "launchBrowser": true,
23        "environmentVariables": {
24          "ASPNETCORE_ENVIRONMENT": "Development"
25        }
26      }
27    }
28  }
```

環境作用在哪：
1. 設定某些指令只在特定的環境執行，以 Program.cs 裡面的程式為例。

程式位置：BasicSample/Program.cs

```
    // Configure the HTTP request pipeline.
if (!app.Environment.IsDevelopment())
{
    app.UseExceptionHandler("/Home/Error");
    // The default HSTS value is 30 days. You ma:

    // 強制使用Hsts
    app.UseHsts();
}
```

> **筆記**：在非測試環境裡才會執行擷取錯誤 UseExceptionHandler、Hsts 這兩個 Middleware。

2. 前端畫面相依性注入環境參數並結合 TagHelper 使用，只在特定環境秀出字串。

程式位置：BasicSample/Views/Environment/Dev.cshtml

```
Dev.cshtml  ⊣ ×
1    @inject IWebHostEnvironment _env
2
3    <h2>現在環境：@_env.EnvironmentName</h2>
4    <environment include="Development">
5        <div>如果是測試環境就會看到內容</div>
6    </environment>
7    <environment exclude="Development">
8        <div>只要不是測試環境，就能看到此內容</div>
9    </environment>
```

> **筆記**：
> 1. include 是指有包含這個環境才會執行。
> 2. exclude 是指不包含這環境才會執行。
> 3. 系統執行參數檔時，針對不同環境執行不同的參數檔。

不同版本的 appsettings.json 檔案：

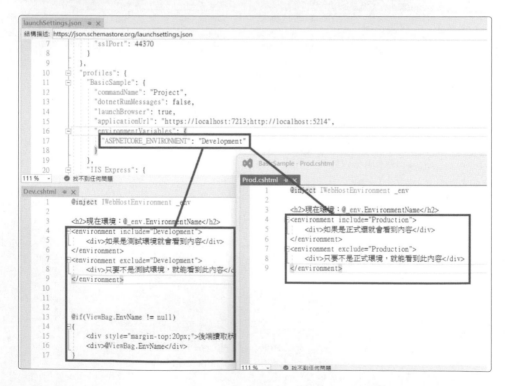

筆記：這邊可以看到是不同環境的參數檔，但都是 appsettings.json 這個檔案，只是程式會根據不同環境設定，而執行不同的設定檔版本。

❑ 程式範例：

Step 01 設定好執行環境。

Step 02 前端設利用 HtmlTag 設定好什麼環境會呈現什麼內容。

Step 03 前端相依性注入 IWebHostEnvironment，可以直接讀取環境參數。

❑ **在後端相依性注入環境設定：**

也可以在後端進行相依性注入，根據環境的不同執行別的指令。

程式位置：BasicSample/Controllers/EnvironmentController.cs

```
namespace BasicSample.Controllers
{
    1 個參考
    public class EnvironmentController : Controller
    {
        private readonly IWebHostEnvironment _env;

        0 個參考
        public EnvironmentController(IWebHostEnvironment env)
        {
            _env = env;
        }

        0 個參考
        public IActionResult Dev()
        {
            if (_env.IsDevelopment())
            {
                ViewBag.EnvName = _env.EnvironmentName;
            }

            return View();
        }

        0 個參考
        public IActionResult Prod()
        {
            return View();
        }
    }
}
```

3.2.9 紀錄 Log

紀錄是最重要的一個觀念，常說要留 Log 就是留紀錄的意思，串接不同系統之前間的合作時像是傳遞交易資訊、前端網站串接資料或是 App 接收資料都是透過 API 跟後端進行溝通，在這種情況就很有可能會出現錯誤，所以如果有適時的記錄程式執行的過程，可以幫助解決遇到的 Bug，一個簡單的新法，如果找不到錯誤那就留 Log，追蹤程式流程每一步。

ASP.NET Core 內建儲存 Log 的方法 ILogger，裡面有各種錯誤的等級，每種等級代表不同的意思，而我們也可以利用 appSetting.json 參數檔設定 Log 會依照哪一個嚴重度來呈現錯誤。

Log 紀錄錯誤的類型：

LogLevel	方法	層級	描述
Trace	LogTrace	0	紀錄最詳細的訊息。
Debug	LogDebug	1	偵錯及開發時使用。
Information	LogInformation	2	追蹤一般程式流程。
Warning	LogWarning	3	主要紀錄不會導致錯誤的意外事件。
Error	LogError	4	無法預期的錯誤或是例外狀況。
Critical	LogCritical	5	發生需立即處理的錯誤。 範例：資料遺失情況、磁碟空間不足。

呈現錯誤的主要方式：

1. Console 呈現。
2. 輸出儲存至檔案。
3. 資料庫儲存。

❏ 程式範例：

Step 01 設定 appSettings.json 參數檔。

程式位置：BasicSample/appSettings.json

```json
LogController.cs        Program.cs        appsettings.json*   ⊡ ✕
結構描述: https://json.schemastore.org/appsettings.json
 1    {
 2      "Logging": {
 3        "LogLevel": {
 4          "Default": "Information",
 5          "Microsoft": "Warning"
 6        }
 7      },
 8      //"ConnectionStrings": { "DbString": "Server=localhost\\SQLEX
 9      "ConnectionStrings": { "DbString": "Server=(localdb)\\MSSqlLc
10      "ThirdpartyAPI": {
11        "Pay": "http://pay.com",
12        "CustomerA": "http://testcustomer.com"
13      },
14      "AuthSecret": {
15        "Name": "testJim",
16        "Pwd": "jiNd.3*dfjkdL"
17      },
18      "AllowedHosts": "*"
19    }
```

筆記：

1. Logging 以及 LogLevel 都是系統指定的參數名稱不可更改。

2. LogLevel 設定哪些功能出錯時會出現錯誤，Default 是指整個應用程式只要出現 Information 以層級的錯誤就會紀錄。

3. LogLevel 設定哪些功能出錯時會出現錯誤，Microsoft 是指當我們用有關 Microsoft 的功能，遇到 Warning 層級以上的錯誤就會記錄。

Step 02 新增 LogController。

```
Controllers
  C# EnvironmentController.cs
  C# HomeController.cs
  C# LocalizationController.cs
  C# LogController.cs
  C# OptionController.cs
  C# RazorController.cs
  C# SecurityController.cs
  C# SettingsController.cs
```

Step 03 相依性注入 ILogger。

程式位置：BasicSample/Controllers/LogController.cs

```csharp
public class LogController : Controller
{
    private readonly ILogger<LogController> _logger;

    0 個參考
    public LogController(ILogger<LogController> logger)
    {
        _logger = logger;
    }
```

Step 04 在 Action 裡面，寫上 Log 紀錄的方式。

程式位置：BasicSample/Controllers/LogController.cs

```csharp
public IActionResult Index()
{
    _logger.LogInformation("紀錄訊息測試 {0}", "@@ 紀錄 123");

    _logger.LogDebug(10, "Test  LogDebug");
    _logger.LogInformation(11, "Test LogInformation");
    _logger.LogWarning(12, "Test LogWarning");
    _logger.LogError(13, "Test LogError");
    _logger.LogCritical("Test LogCritical");

    return Redirect("/");
}
```

Step 05 結果範例，可以看到程式裡設定要秀出的紀錄都會呈現出來。

> **筆記**：目前設定會顯示 Info 的資料。

前面的步驟都是使用預設 appSetting.json 設定，並說明個參數用意以及如何設定自己想要呈現的錯誤，從這邊開始來介紹如何設定 Console 呈現 Log 的錯誤層級。

Step 06 調整 appSetting.json 加上 Console 的設定，我們要自行設定要呈現什麼類型的訊息在 Console 上面，先前都是預設。

程式位置：BasicSample/appSetting.json

```
appsettings.json  ⊣ ×
結構描述: https://json.schemastore.org/appsettings.json
 1      □{
 2      □   "Logging": {
 3      □     "LogLevel": {
 4              "Default": "Information",
 5              "Microsoft": "Warning"
 6            },
 7      □     "Console": {
 8      □       "LogLevel": {
 9                "Default": "Information"
10              }
11            }
12          },
13          //"ConnectionStrings": { "DbString": "Ser
14          "ConnectionStrings": { "DbString": "Serve
15      □     "ThirdpartyAPI": {
```

> **筆記：**
>
> 1. Console 裡面設定整個應用程式會呈現 Information 階層的訊息。
>
> 2. Default：預設整個應用程式。

Step 07 觀測結果，可以看到 Info 層級以上的訊息都會記錄。

Step 08 調整 appSetting.json，Console 呈現 Log 的層級。

程式位置：BasicSample/appSetting.json

Step 09 觀測結果，可以看到 warn 層級以上的訊息才會記錄。

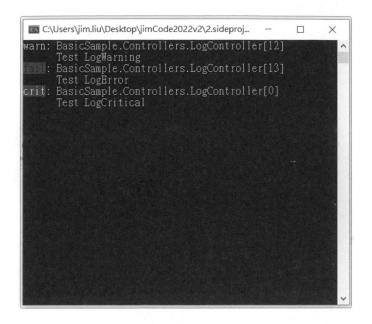

Step 10 還可以在秀出錯誤時修改字串。

```
_logger.LogInformation("紀錄訊息測試 {0}", "@@ 紀錄 123");
```

筆記：{0} 的地方會填入後方輸入的字串內容。

Step 11 安裝 Serilog.Extensions.Logging.File。

Step 12 開啟 Program.cs，設定輸出的 Log 檔案路徑。

程式位置：BasicSample/Program.cs

```
7
8      var builder = WebApplication.CreateBuilder(args);
9      builder.Logging.AddFile($"{Directory.GetCurrentDirectory()}\\Logs\\log.txt");
10
```

筆記：如果沒有此資料夾會自行生成。

Step 13 開啟 appSettings.json 進行輸出 Log 的設定。

```
Program.cs  ⊏      appsettings.json   ⊏ ✕
結構描述: https://json.schemastore.org/appsettings.json
1    {
2      "Logging": {
3        "LogLevel": {
4          "Default": "Information",
5          "Microsoft": "Warning"
6        },
7        // 有serilog write into file 之後就不會呈現在console裡面
8        "Console": {
9          "LogLevel": {
10           "Microsoft.AspNetCore.Hosting": "Information"
11         }
12       }
13     },
14     //"ConnectionStrings": { "DbString": "Server=localhost\\SQLEXPR
15     "ConnectionStrings": { "DbString": "Server=(localdb)\\MSSqlLoca
16     "ThirdpartyAPI": {
17       "Pay": "http://pay.com",
18       "CustomerA": "http://testcustomer.com"
19     },
20     "AuthSecret": {
21       "Name": "testJim",
22       "Pwd": "jiNd.3*dfjkdL"
23     },
24     "AllowedHosts": "*"
25   }
```

Step 14 執行程式，會成功看到有紀錄 Log 檔案。

3.3 ASP.NET Core 安裝套件

3.3.1 Nuget 安裝套件

　　當我們需要利用其他預設不提供的套件時，很多時候就可以利用 Nuget 這個工具來安裝其他套件。

Step 01 工具→ NuGet 套件管理員→管理方案的 NuGet 套件。

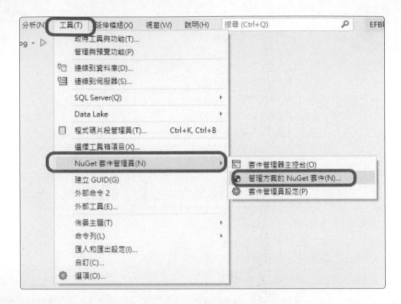

Step 02 輸入想要安裝的套件名稱→安裝。

3.3.2 安裝用戶端應用程式

能夠安裝套件的來源有兩個地方,如果是要安裝給 C# 裡面的程式使用,那就要用 Nuget 的方式,如果是要安裝給前端使用的套件就使用用戶端程式庫這個功能。

Step 01 選擇 wwwroot 資料夾。

Step 02 右鍵→加入→用戶端程式庫。

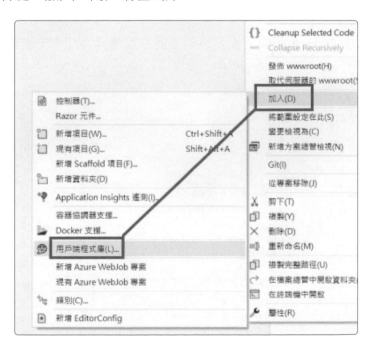

Step 03 輸入想要安裝的程式庫。

新增用戶端程式庫 ✕

提供者(P): cdnjs ▾

程式庫(L): boot ❶

○ 包含所有程式庫
○ 選擇特定檔案(

bootbox.js
bootpag
bootflat
bootstrap
bootcards
bootswatch
bootstrap-vue
bootstrap-rtl
bootstrap-tour
bootstrap-chat
bootstrap-table
bootstrap-icons
bootstrap-modal

The most popular front-end framework for developing

目標位置(T): ww

安裝(I)　　取消(C)

Step 04 下方目標位置是說明要安裝到哪裡,前端套件都會安裝到 wwwroot 裡面。

目標位置(T): wwwroot/

安裝(I)　　取消(C)

Step 05 安裝成功後可以到 wwwroot 資料夾查看。

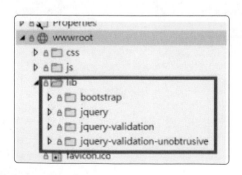

3.4 練習題

1. 什麼是相依性注入？？

2. 什麼是中介軟體？

3. Program.cs 在 ASP.NET Core 專案扮演什麼樣的角色？

4. Nuget 是什麼？

5. 如何安裝前端套件？

6. ASP.NET Core 裡面的環境是什麼？

7. ASP.NET Core 預設專案檔是哪一個檔案？

相依性注入 DI 與 Middleware

前一章建好 MVC 的基礎架構之後,先來講講什麼 DI,會這樣編排的原因是因為相依性注入,是一個很常見常用的技巧和觀念,可以理解為 DI 是 Asp.Net Core 的核心,所以需要在一開始就補充這個觀念。

(但 DI 觀念難以理解,建議多看幾次,也可以先知道用法就好)

4.1 什麼是相依性注入？

　　說明什麼是相依性注入前，先來解釋什麼物件高耦合和低耦合，因為這會關係到我們為什麼要使用到相依性注入。

❏ **高耦合：**

　　當我們要使用另外一個物件裡面的方法的時候，會創造一個物件實例會使用 new()，這樣的寫法，屬於高耦合的寫法，意思是我們今天要去借籃球，但是我只能跟 A 老師借籃球，所以當 A 老師沒來時就沒有籃球可以借。我和 A 老師的關係就是高耦合的關係，A 老師有問題時，會造成我的困擾。

❏ **低耦合：**

　　為了要降低程式的低耦合，所以多了一個 Interface 介面的設計。

　　當我要借籃球時，不再只能跟 A 老師借了，我跟學校裡面的體育室窗口借，所以不管 A 老師有沒有生我氣、想不想借我籃球，我都可以直接跟體育室窗口借籃球，這時 A 老師跟我就是低耦合。

　　上述舉例裡體育室窗口就是程式裡面的 Interface(介面)，那程式裡面怎麼說明跟 Interface 取得資料？我們需要把 Interface，輸入到物件裡面的 constructor 裡面。

```
1 個參考
public class ArticleController : Controller
{
    // 程式碼編號：DI.IArticleService
    private readonly IArticleService _article;

    0 個參考
    public ArticleController(IArticleService articleService)
    {
        _article = articleService;
    }
}
```

相依性注入 (DI) 就是物件使用系統註冊過的 Interface，Article Controller.cs 這個物件裡面，要使用文章的相關功能，所以在 Article Controller 的 Constructor 輸入 IArticleService 這個介面，也可以說 IArticleService 相依性注入 (DI) 到 ArticleController 裡面。

> **注意：** 相依性注入是一種程式設計，在 Asp.Net Core 或是 .Net 6 的架構裡面，我們可以在 View、Controller 裡面相依性注入客製化的商務邏輯、Configuration、ILog 等功能。

4.2 相依性注入的生命週期

生命週期就有點像我們一般認知的生命，從無到有，從出生到死亡消逝，相依性注入的生命週期就是指物件的創建到記憶體釋放的過程。

我們要使用物件第一件事情就是 new() 一個物件，而這時候就會占用記憶體位置，等我們用完時就會刪除記憶體的位置進行釋放，這也就是物件的死亡。

相依性注入這個動作其實就是系統自動幫我們做建立物件的動作，系統會自動幫我們 new() 一個物件，我們同時還可以跟系統說要什麼時候讓這個物件死亡，這就是相依性注入的生命週期。

4.2.1 相依性注入的三種生命週期

❑ AddTransient

```
builder.Services.AddTransient<IAuthService, AuthService>();
```

> **筆記**：每一個 HttpRequest(請求) 都會創建 AuthService 物件一次，當 AuthService 物件用完之後馬上就會死亡。

❑ AddScoped

```
builder.Services.AddScoped<IAuthService, AuthService>();
```

> **筆記**：在同一個 HttpRequest(請求) 裡面，反覆使用這個物件，等次請求結束之後才會讓這個物件死亡。

❑ AddSingleton

```
builder.Services.AddSingleton<IAuthService, AuthService>();
```

> **筆記**：在系統執行起來後，就會創建這一個物件，系統不會刪除他。

4.3 統整實作相依性注入完整步驟

前一小節所提到什麼是相依性注入，也就是把介面 (Interface) 輸入到某一個物件裡面去，但我們實際在寫程式之前，還需要跟系統註冊說有這個介面 (Interface) 存在，並且讓系統來管理這個介面，而以下整理了所有步驟。

完整步驟：

Step 01 定義 Interface 裡面的方法。
Step 02 物件繼承 Interface 並實作。
Step 03 向系統註冊此 Interface。
Step 04 使用相依性注入 (可以注入物件、View)。

以 AuthService，登入功能為例：

Step 01 定義 Interface。

程式位置：EFBlog/Applications/Auth/IAuthService.cs

```
public interface IAuthService
{
    2 個參考
    Task<bool> LoginUserCheckPwd(LoginRequest model);
}
```

Step 02 物件繼承 Interface 並實作。

```
2 個參考
public class AuthService : IAuthService
{
```

Step 03 向系統註冊此 Interface。

程式位置：EFBlog/Program.cs

```
var builder = WebApplication.CreateBuilder(args);
var configurations = builder.Configuration;

builder.Services.AddDbContext<ApplicationDbContext>(
    options => options.UseSqlServer(configurations.GetConnecti

// Add services to the container.
builder.Services.AddControllersWithViews();

// 註冊客製化介面
builder.Services.AddTransient<IArticleService, ArticleService>
builder.Services.AddTransient<IAuthService, AuthService>();
```

筆記：向系統註冊 IAuthService 這一個窗口，我們必須透過 IAuthService 這個窗口，取得 AuthService 裡面的方法。

Step 04 相依性注入物件，透過 Interface 使用物件裡面的方法。

程式位置：EFBlog/Controllers/LoginController.cs

```csharp
private readonly IAuthService _auth;

0 個參考
public LoginController(IAuthService auth)
{
    _auth = auth;
}
```

4.4 | View 裡面使用相依性注入

Asp.net Core 框架裡面副檔名 cshtml 的檔案也可以撰寫 C# 程式，而副檔名 cshtml 的檔案稱為 View 的畫面檔案，這個畫面檔也可以相依性注入其他的介面，並使用他們的方法，範例以 HttpAccesstor 為例。

下面我們在首頁調用了 IHttpContextAccessor，並取出現在登入人的姓名。

程式位置：EFBlog/Views/Home/Index.cshtml

```cshtml
@using EFBlog.ViewModels.ArticleService
@model IEnumerable<ArticleViewModel>;
@inject IHttpContextAccessor _ha;

@{
    ViewData["Title"] = "Home Page";
}

<div class="text-center mb-2">
    <h1 class="display-4">Welcome @_ha.HttpContext.User.Identity.Name</h1>
</div>
<hr/>
@if (Model != null && Model.Count() > 0)
```

4.5 Entity Framwork 的相依性注入

Entity Framework 是 ORM 的資料庫工具，稍後章節會詳細提到，這章節主要說明當我們要使用 Entity Framework 時也會利用到相依性注入的技術。

1. 跟系統註冊資料庫的功能。

程式位置：EFBlog/Program.cs

```
using EFBlog.Applications.ArticleService;
using EFBlog.Applications.Auth;
using EFBlog.DbAccess;
using EFBlog.Middlewares;
using Microsoft.AspNetCore.Authentication.Cookies;
using Microsoft.EntityFrameworkCore;

var builder = WebApplication.CreateBuilder(args);
var configurations = builder.Configuration;

builder.Services.AddDbContext<ApplicationDbContext>(
    options => options.UseSqlServer(configurations.GetConnectionString("DbString")));

// Add services to the container.
builder.Services.AddControllersWithViews();

// Http存取器
builder.Services.AddHttpContextAccessor();
```

2. 相依性注入資料庫功能。

程式位置：EFBlog/Applications/Auth/AuthService.cs

```
namespace EFBlog.Applications.Auth
{
    2 個參考
    public class AuthService : IAuthService
    {
        private readonly ApplicationDbContext _db;

        0 個參考
        public AuthService(ApplicationDbContext db)
        {
            _db = db;
        }
    }
}
```

3. 相依性注入後使用查詢功能。

   程式位置：EFBlog/Applications/Auth/AuthService.cs

```
public class AuthService : IAuthService
{
    private readonly ApplicationDbContext _db;

    0 個參考
    public AuthService(ApplicationDbContext db)
    {
        _db = db;
    }

    2 個參考
    public async Task<bool> LoginUserCheckPwd(LoginRequest model)
    {
        return await _db.AuthUsers.AnyAsync(x => x.Pwd == model.Pwd);
    }
}
```

4.6 什麼是 Filter(篩選)

我們可以針對特定的一些 Controller、Function 在要執行這些邏輯之前，先做一些初步的邏輯處理或是篩選，這就是所謂的 Filter，Filter 的種類非常多有 Action Filter、Authorize 的權限 filter、資源的 Filter，這邊我們就先提登入系統會用到的 Authorize Filter。

在 進 入 到 CreateArtucle 裡 面 之 前，Authorize Filter 會 先 做 權 限 Cookie 的處理和檢測這個使用者有沒有權利使用 CreateArticle()。

程式位置：EFBlog/Controllers/ArticleController.cs

```
[Authorize]
[HttpPost("CreateArticle")]
0 個參考
public IActionResult CreateArticle()
{
    return View();
}
```

4.7 什麼是 Middleware 中介軟體

我們可以想像當 Request 進到系統裡面時 Request 會夾帶非常多樣式的訊息像是資料來源 IP、Cookie、SessionId、呼叫的路徑 (Router) 等等，裡面可能包含登入、權限資料或是一些客戶 Email 之類的資料、甚至是圖片的 base64 字串，由於資料很多所以會有一個機制會在 Request 進入到 Controller、Controller 裡面的 Action 之前進行過濾處理，而這個機制就是 Middleware。

Middleware 就是處理、過濾用戶的 Request 的機制，而他位在 Controller、Action 之前就會進行過濾、處理。

4.7.1 撰寫 ExceptionMiddleware

程式位置：EFBlog/Middlewares/ExceptionMiddleware.cs

```
2 個參考
public class ExceptionMiddleware
{
    private readonly RequestDelegate _next;

    0 個參考
    public ExceptionMiddleware(RequestDelegate next)
    {
        _next = next;
    }

    0 個參考
    public async Task Invoke(HttpContext context)
    {
        try
        {
            await _next(context);
        }
        catch (Exception ex)
        {
            await context.Response
                .WriteAsync($"{GetType().Name} Error Msg: {ex.Message}");
        }
    }
}
```

筆記：

1. 相依性注入可以處理 Request 的物件，RequestDelegate。
2. 再調用 next 這一個方法，可以讓輸入的 Request，也就是 HttpContext context 繼續往系統裡面傳入。
3. 這邊設計 Try Catch，這個方法用來擷取錯誤，如果有錯誤的話就會被 Catch 起來。
4. 透過 Exception ex 讀取出錯誤訊息。
5. 由 context.Response.WriteAsync()，呈現在畫面之上。

4.8 練習題

1. AddTransient、AddScoped、AddSingleton 的差異？

2. 相依性注入的作法？

3. ASP.NET Core 的 View 也可以使用 DI 嗎？

4. Filter 是做什麼用的？

5. Filter 有幾種呢？

6. 什麼是中介軟體？

ASP.NET Core
MVC 基礎

5.1 ASP.NET Core MVC

　　MVC 是一個常見的程式架構，主要是用來區分讀取到一個 Request 後工作內容的分工，一個 Request 就是我們在瀏覽器上輸入一個網址後，這個網址會傳到網站伺服器裡面，網站伺服器會開始處理這個網址（Request），網址伺服器裡面會透過 Router 辨識 Request 要用哪一個 Controller 和哪一個動作方法 (Action)，透過邏輯運算把結果組成資料模組 (Model)，再傳到前端 View 呈現給別人看畫面。

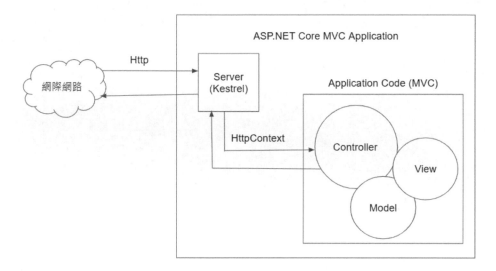

5.1.1 Controller

　　是用來定義和分組 Request的一個物件，每個 Controller 下面有很多種動作方法，Controller 主要會跟 Route 搭配使用，會根據輸入的 Request 分配到不同的 Controller 和動作方法 (Action)。

5.1.2 Model

　　Car 物件就屬於一個 Model，用於乘載傳遞到前端的資料或是乘載資料庫裡面的資料都會透過這個物件。

程式位置：BasicSample/Models/Car.cs

```
Car.cs  ☐ ×
BasicSample                                          ⬡ BasicSample.Models.Car
     1    ☐namespace BasicSample.Models
     2    {
              0 個參考
     3    ☐    public class Car
     4         {
                  0 個參考
     5            public string Name { get; set; } = string.Empty;
                  0 個參考
     6            public string Description { get; set; } = string.Empty;
     7         }
     8    }
```

> **筆記**：用 Car 物件描述，這一台車子叫什麼名字以及他的描述。

5.1.3 View

呈現畫面內容，每個 View 都會對應到一個名稱的 Controller 名稱。

程式位置：BasicSample/Views/Car.cshtml

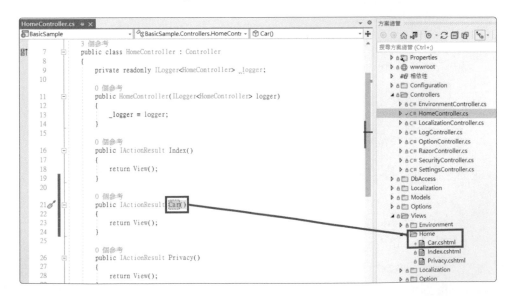

5.1.4 Controller View Model 相互運作的關係

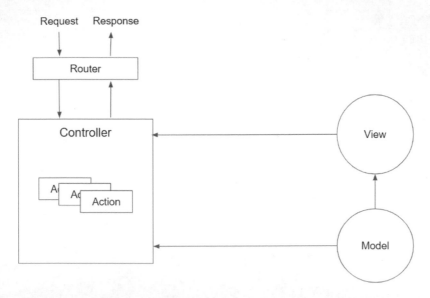

當 Application MVC 接收到 Url Request(https://localhost:7213/Home/Index) 後會參與下面的流程。

1. Router 拿到 Url Request 後會開始分析要把 Request 分給哪一個 Controller 處理。
2. 分給 HomeController。
3. 底下的 IndexAction(方法為 Index 的動作方法)。

> 筆記：在一個 Controller 下會有多個 Action。

4. 底下的 Index 方法 (方法為 Index 的動作方法)。

> 筆記：Index 就是在在一個 Controller 下其中一個 Action。

5. Index 方法讀取所需要的 Model 物件資料及商業邏輯。
6. 相對應 Index 方法的 View 會接收到 Model 物件的資料。
7. 最後 Index 方法會回傳 View 加上 Model 的資料作成 Response 回傳到客戶端。

5.2 Controller、Router、Action

Router 和 Controller 是天生一對，Router 分派任務給 Controller 使用，只是多半我們不會注意到，這邊就會想講到 Router 的設定以及 Controller 怎麼新增以及原理。

5.2.1 什麼是控制器 Controller

❑ 用途：

控制器是用來定義、分組和接收 Request 的物件。 物件裡面的方法稱為 Action 專門處理 Request。

❑ 位置：

位在 Controllers 資料夾裡面，檔案名稱會以 Controller 結尾。

5.2.2 如何新增 Controller

Step 01 檔案總管裡面→在 Controllers 資料夾上面→右鍵→加入→ 控制器。

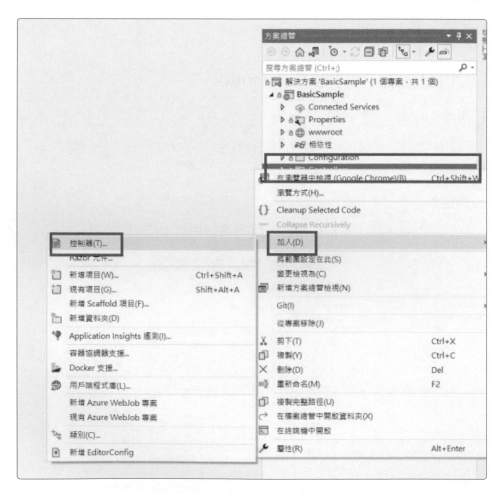

Step 02 點擊加入。

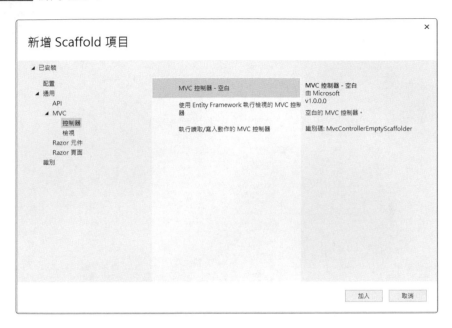

Step 03 輸入 Controller 名稱。

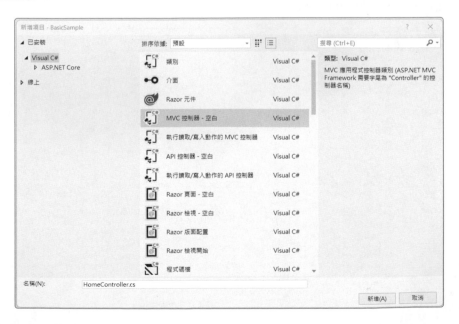

Step 04 注意 HomeController 所繼承的物件，在上面點擊右鍵→移至定義。

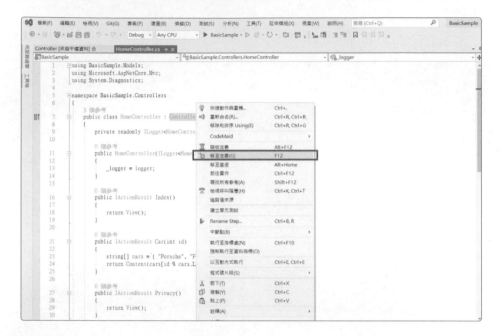

Step 05 Controller 物件裡面的內容，此檔案為微軟預設提供。

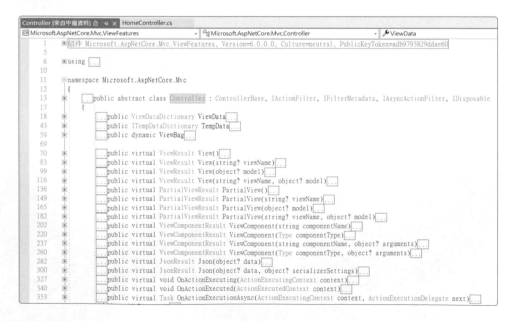

筆記：主要提供了 Controller 回傳物件的設定，像是 JsonResult 或是 View。

Step 06 我們在往下看 Controller 繼承的 ControllerBase 物件裡面的內容，此檔案為微軟預設提供。

筆記：

1. 提供了 HttpContext 物件的方法，此物件就是乘載了 Cookie、Session、Http 方法，等等的資料。

2. HttpContext 由伺服器提供的 Request 資料。

3. HomeController 就是繼承了 BaseController 所以能夠接收 Http 的 Request 或是處理 Response。

5.2.3 定義動作 Action

❑ 什麼是 Action

　　Action 稱為動作方法真正在處理 Request 的地方，而動作方法其實就是一個 public 的方法。

　　程式位置：BasicSample/Controllers/HomeController.cs

```
namespace BasicSample.Controllers
{
    3 個參考
    public class HomeController : Controller
    {
        private readonly ILogger<HomeController> _logger;

        0 個參考
        public HomeController(ILogger<HomeController> logger)
        {
            _logger = logger;
        }

        0 個參考
        public IActionResult Index()
        {
            return View();
        }

        0 個參考
        public IActionResult Car(int id)
        {
            string[] cars = { "Porsche", "Ferrari", "Lamborghini" };
            return Content(cars[id % cars.Length]);
        }

        0 個參考
        public IActionResult Privacy()
        {
            return View();
        }

        [ResponseCache(Duration = 0, Location = ResponseCacheLocation.None, NoStore = true)]
        0 個參考
        public IActionResult Error()
        {
            return View(new ErrorViewModel { RequestId = Activity.Current?.Id ?? HttpContext.Tr
        }
    }
}
```

筆記：
1. 存在 Controller 裡面的方法稱作為 Action（如上圖框起部分）。
2. 動作方法只能用 public 修飾。
3. 裡面就可以引用 Model 或是些商業邏輯都會寫在這裡面。

❏ 如何讓 Controller 裡面的方法變成普通的方法：

　　程式位置：BasicSample/Controllers/HomeController.cs

Step 01 在 HomeController 裡面新增一個方法，取名為 RemoveAction。

Step 02 加上 [NonAction] 屬性移除 Action 方法。

```
[NonAction]
0 個參考
public void RemoveAction()
{
}
```

筆記：其他相關屬性還有 NonController、NonViewComponent。

Step 03 程式結果。

5.2.4 Controller 回傳

每個 Request 都有他的目的，有些只是想要更改資料庫資料不需要回傳，有的需要跳轉頁面或是呈現畫面，甚至是下載檔案功能等等，這些都是 Request 進來網站服務後想完成的事情，這邊就來介紹一些 Controller 回傳資料的類型。

▨ 空白回應

空白回應是指使用者不會收到回傳字串或是下載檔案之類的，瀏覽器只會收到 Http 狀態碼或是跳轉頁面 Url。

空白回應有以下兩種：

1. 回傳 Http 狀態碼。
2. 頁面進行跳轉（Http 狀態碼通常回傳 301 或是 302）。

☒ 回傳狀態碼

方法	狀態碼	說明
Ok()	200	請求正確
BadRequest()	400	錯誤的要求
NotFounf()	404	找不到資料
Unauthorized()	401	沒有權限

☒ 跳轉頁面

方法	說明
Redirect()	跳到外部網站
LocalRedirect()	跳往自己站台的其他網頁
RedirectToAction ()	跳往其他 Action
RedirectToRoute()	用 Route 的方式跳往其他頁面，可以夾帶值

☒ 有回傳內容

有回傳內容是指，有回傳訊息讓使用者看到或是使用。

有回應內容，常見的分類如下：

方法	說明
Content()	回傳文字內容
View()	回傳 View 頁面
Json()	回傳 Json 格式內容
PhysicalFile()	下載檔案

❑ 程式範例：

程式位置：BasicSample/Controllers/ActionResultController.cs

❏ 空白回應，回應狀態碼 200：

Step 01 在 ActionResultController 裡面新增方法，並使用 Ok() 當作回傳。

```
public IActionResult Test_Ok()
{
    return Ok();
}
```

Step 02 程式結果，如果沒出現錯誤就代表成功。

❏ 空白回應，回應狀態碼 400：

Step 01 在 ActionResultController 裡面新增方法，並使用 BadRequest() 當作回傳。

```
public IActionResult Test_BadRequest()
{
    return BadRequest();
}
```

Step 02 程式結果。

❏ 空白回應，回應狀態碼 404：

Step 01 在 ActionResultController 裡面新增方法，並使用 NotFound() 當
作回傳。

```
public IActionResult Test_NotFound()
{
    return NotFound();
}
```

Step 02 程式結果。

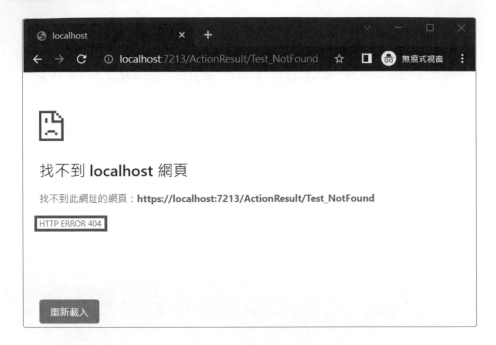

筆記：因為是 NotFound()，所以回應是 404 找不到資料。

❑ 空白回應，回應狀態碼 401：

Step 01 在 ActionResultController 裡面新增方法，並使 Unauthorized() 當
作回傳。

```
public IActionResult Test_Unauthorized()
{
    return Unauthorized();
}
```

Step 02 程式結果。

> **筆記**：這錯誤常出現在沒有權限卻使用功能。

☐ 空白回應，回應狀態碼 500：

Step 01 在 ActionResultController 裡面新增方法，並使用 HttpStatusCode 所提供的 Enum 值當作回傳，這邊我們以 InternalServerError 當作範例。

```
public IActionResult Test_ReturnHttpStatusCode()
{
    return StatusCode((int)HttpStatusCode.InternalServerError);
}
```

Step 02 程式結果。

❑ 空白回應，回應狀態碼 999：

Step 01 在 ActionResultController 裡面新增方法，自定義 StatusCode 數值。

```
public IActionResult Test_CustomerRequestStatus()
{
    return StatusCode(999);
}
```

Step 02 程式結果。

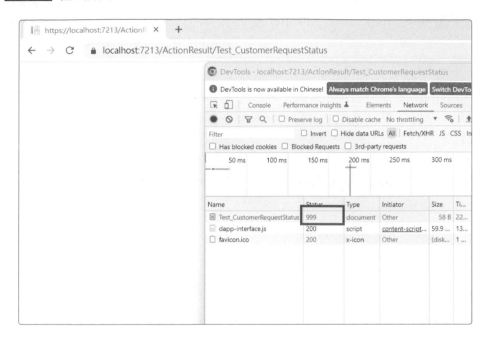

> **筆記**：不再規則內的狀態雖然瀏覽器不會跳出錯誤，但我們一樣可以用開發者工具看到回傳的狀態碼數值，可以利用在自定義的 API 裡面只針對 999 時執行特別的邏輯，並跟原本 Http 的狀態碼做區分。

❑ 空白回應，頁面跳轉外部網站：

Step 01 在 ActionResultController 裡面新增方法，使用 Redirect 方法。

```
public IActionResult Test_Redirect()
{
    return Redirect("https://www.google.com.tw/");
}
```

> **筆記**：可以跳轉到別人的網站裡，這邊我們跳轉到 Goole.com。

❑ 空白回應，頁面跳轉內部網站：

Step 01 在 ActionResultController 裡面新增方法，使用 LocalRedirect 方法。

```
public IActionResult Test_LocalRedirect()
{
    return LocalRedirect("~/Home/Test_LocalRedirect_Destination");
}
```

Step 02 開啟 HomeController，新增方法模擬跳轉內部網站。

```
public IActionResult Test_LocalRedirect_Destination()
{
    return Content("LocalRedirect_Destination !!，這裡是HomeController");
}
```

❑ 空白回應，同個 Controller 跳轉到另一個 Action：

Step 01 在 ActionResultController 裡面新增方法，RedirectToAction()。

```
public IActionResult Test_RedirectToAction()
{
    return RedirectToAction("Test_RedirectToAction_Destination");
}
```

Step 02 跳轉到目的 Action。

```
public IActionResult Test_RedirectToAction_Destination()
{
    return Content("RedirectToAction_Destination !!");
}
```

❑ 空白回應，RedirectToRoute 使用：

Step 01 在 ActionResultController 裡面新增方法，RedirectToRoute()，並是設定要傳遞到哪一個 Controller、Action，以及要傳遞的資料。

```
public IActionResult Test_RedirectToRoute()
{
    return RedirectToRoute(new
    {
        controller = "ActionResult",
        action = "Test_RedirectToRoute_Destination",
        parameter1 = "Apple",
        parameter2 = "Orange"
    });
}
```

Step 02 跳轉到目的 Action。

```
public IActionResult Test_RedirectToRoute_Destination(string parameter1, string parameter2)
{
    return Content($"RedirectToRoute 傳來的參數，參數1：{parameter1}，參數2：{parameter2} !!");
}
```

Step 03 程式成果。

> **筆記**：可以看到當程式先執行到 Test_RedirectToRoute() 這個方法時，除了設定好目地之外還會透過 QueryString 的方式傳遞資料到 Test_RedirectToRoute_Destination(string parameter1, string parameter2) 這個方法裡。

❏ 非空白回應，利用 Content 回傳文字：

Step 01 在 ActionResultController 裡面新增方法，使用 Content。

```
public IActionResult Test_Content()
{
    return Content("回傳測試訊息");
}
```

Step 02 程式結果。

❏ 非空白回應，回傳 View：

Step 01 回傳 View，Html 的資料。

```
public IActionResult Test_View()
{
    return View();
}
```

❏ 非空白回應，回傳 Json 格式：

Step 01 利用 Json() 的方法回傳 Json 物件。

```
public IActionResult Test_Json()
{
    return Json(new Car { Name = "Lamborghini", Description = "藍寶潔妮" });
}
```

Step 02 開啟 Postman 進行測試。

❏ 非空白回應，下載檔案：

Step 01 利用 PhysicalFile() 的方法下載檔案，定範例檔案路徑、下載檔案
格式、檔案名稱。

```
public IActionResult Test_File()
{
    return PhysicalFile($"{Directory.GetCurrentDirectory()}/wwwroot/File.txt", "APPLICATION/octet-stream", "TestFileName.txt");
}
```

Step 02 設定範例檔案 File.txt，我們會讀取這檔案提供下載。

Step 03 程式結果，下載檔案。

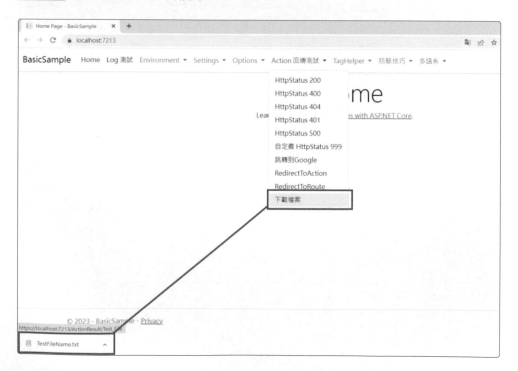

5.2.5 什麼是 Router

Router 路由是比對 Url 並分派任務給 Controller 和 Action 功能。

❑ 特性：

1. 由 Program.cs 所設定的中介軟體來比對。
2. 分為傳統路由、屬性路由。

▨ 傳統路由

Step 01 開啟 Program.cs，app.MapControllerRoute() 就是 Middleware。

程式位置：BasicSample/Controllers/ActionResultController.cs

```
Program.cs  ⊣ ×
BasicSample
76   ⊟if (!app.Environment.IsDevelopment())
77    {
78        app.UseExceptionHandler("/Home/Error");
79        // The default HSTS value is 30 days. You may want to chan
80
81        // 強制使用Hsts
82        app.UseHsts();
83    }
84
85    // 自動轉向Https網頁
86    app.UseHttpsRedirection();
87    app.UseStaticFiles();
88
89    app.UseRouting();
90    app.UseAuthorization();
91
92    // MapRazorPages
93    // MapBlazorHub
94    app.MapControllerRoute(
95        name: "default",
96        pattern: "{controller=Home}/{action=Index}/{id?}");
97
98    app.Run();
```

name：路由名稱。

筆記：可以設定多個路由，而預設名稱是 defalult 多半都會遵從這個設定。

pattern：設定路徑預設值以及判斷優先順序。

```
pattern: "{controller=Home}/{action=Index}/{id?}"
```

筆記：都會先判斷要用哪一個 Controller 預先會用 HomeController，在判斷要用哪一個 Action 預設也是會用 Index，最後 id 是說明可以比對有沒有輸入 id 這個參數，可以有也可以沒有。

補充：以下四種 Url 都會被預設 Router 設定導回首頁。

1. /Home/Index/3
2. /Home/Index
3. /Home
4. /

實體上看起來會像是這樣，以下兩個 Url 就會被 Router 分配到下面的動作方法 (Action)：

https://localhost:7213/Home/Car 或是 https://localhost:7213/Home/Car/3

```
public IActionResult Car(int id)
{
    string[] cars = { "Porsche", "Ferrari", "Lamborghini" };
    return Content(cars[id % cars.Length]);
}
```

筆記：Home/Car/3，Controller 對應到 Home。

Car/3，Acition 對應到 Car。

Car/3，3 對應到 id 代表要選擇要輸出哪一筆資料。

☑ 多個傳統路由

Step 01 開啟 Program.cs 設定多個傳統路由，當路徑是 /test 就會執行預設 controllerMulti，預設 Action 執行 Article。

程式位置：BasicSample/Program.cs

```
app.MapControllerRoute(
    name: "Multi",
    pattern: "test/{*article}",
    defaults: new { controller = "Multi", action = "Article" });

app.MapControllerRoute(
    name: "default",
    pattern: "{controller=Home}/{action=Index}/{id?}");
```

Step 02 設定 MultiController 和 Action 內容。

```
MultiController.cs    Program.cs
BasicSample                                      BasicSample.Controllers.M

1    using Microsoft.AspNetCore.Mvc;
2
3    namespace BasicSample.Controllers
4    {
         3 個參考
5        public class MultiController : Controller
6        {
7            private readonly ILogger<MultiController> _logger;
8
         0 個參考
9            public MultiController(ILogger<MultiController> logger)
10           {
11               _logger = logger;
12           }
13
         0 個參考
14           public IActionResult Article()
15           {
16               return Content("Article !!");
17           }
18       }
19   }
```

Step 03 執行結果。

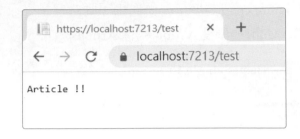

屬性路由

屬性路由多用在 Web API 裡面，直接修飾要用什麼路徑才可以進到這個 Action 裡面。

Step 01 新增 AttributeController。

程式位置：BasicSample/Controllers/AttributeController.cs

```csharp
AttributeController.cs  ⊕ ×
BasicSample                                                    BasicSample.Controllers.AttributeContr
     1          using Microsoft.AspNetCore.Mvc;
     2
     3        namespace BasicSample.Controllers
     4        {
                    3 個參考
     5            public class AttributeController : Controller
     6            {
     7                private readonly ILogger<AttributeController> _logger;
     8
                        0 個參考
     9                public AttributeController(ILogger<AttributeController> logger)
    10                {
    11                    _logger = logger;
    12                }
    13
    14                [Route("Attribute")]
    15                [Route("Attribute/Index")]
    16                [Route("Attribute/Index/{id?}")]
                        0 個參考
    17                public IActionResult Fun1(int? id)
    18                {
    19                    return Content("Fun1 + " + id.ToString()!);
    20                }
```

```
21
22            [Route("Attribute/About")]
23            [Route("Attribute/About/{id?}")]
              0 個參考
24            public IActionResult Fun2(int? id)
25            {
26                return Content("Fun2 + " + id!.ToString()!);
27            }
28        }
29    }
```

```
[Route("Attribute")]
[Route("Attribute/Index")]
[Route("Attribute/Index/{id?}")]
0 個參考
public IActionResult Fun1(int? id)
{
    return Content("Fun1 + " + id.ToString(
```

筆記：

1. Attribute 是屬性的意思。

2. 在方法上面的 [Route("Attrubute/Index/{id?}")] 就是一種屬性。

Step 02 設計屬性。

```
[Route("Attribute")]
[Route("Attribute/Index")]
[Route("Attribute/Index/{id?}")]
0 個參考
public IActionResult Fun1(int? id)
{
    return Content("Fun1 + " + id.ToString()!);
}
```

筆記：只有以下路徑會進入到此方法。

1. https://localhost:7213/Attribute

2. https://localhost:7213/Attribute/Index

3. https://localhost:7213/Attribute/Index/2

Step 03 範例成果。

Attribute/

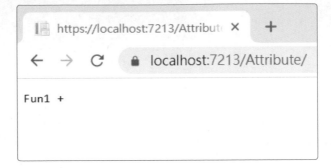

Attribute/Index

Attribute/Index/2

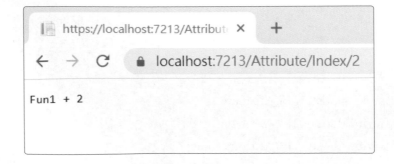

⬚ Http 方法的屬性路由

　　資料傳輸上我們大多都是利用 http 協定進行資料的傳輸，http 協定裡面提供了傳輸的方法，常見是 Post、Get、Put、Delete。在 ASP.NET Core MVC 裡面我們也可以設定 Router 屬性同時設定 Http 的方法。

Http 方法	範例路徑
Get	[HttpGet("http://localhost:8080/blog")]
Post	[HttpPost("http://localhost:8080/blog")]
Put	[HttpPut("http://localhost:8080/blog")]
Delete	[HttpDelete("http://localhost:8080/blog")]

❑　程式範例：

Step 01　新增 HttpAttributeController。

Step 02 寫上 Action 以及 Router Attribute。

程式位置：BasicSample/Controllers/HttpAttributeController.cs

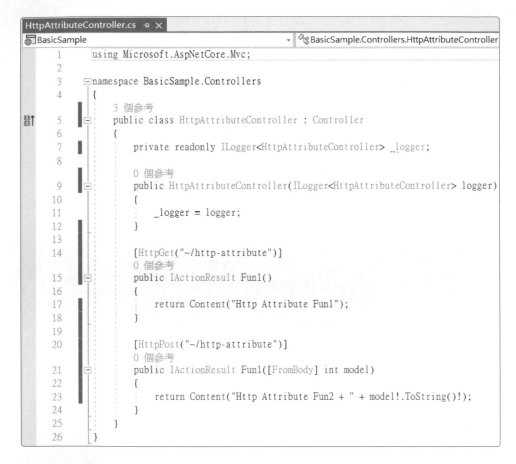

```
HttpAttributeController.cs  ⊣ ×
BasicSample                                          ▼   BasicSample.Controllers.HttpAttributeController
    1       using Microsoft.AspNetCore.Mvc;
    2
    3      namespace BasicSample.Controllers
    4      {
            3 個參考
    5          public class HttpAttributeController : Controller
    6          {
    7              private readonly ILogger<HttpAttributeController> _logger;
    8
                0 個參考
    9              public HttpAttributeController(ILogger<HttpAttributeController> logger)
   10              {
   11                  _logger = logger;
   12              }
   13
   14              [HttpGet("~/http-attribute")]
                0 個參考
   15              public IActionResult Fun1()
   16              {
   17                  return Content("Http Attribute Fun1");
   18              }
   19
   20              [HttpPost("~/http-attribute")]
                0 個參考
   21              public IActionResult Fun1([FromBody] int model)
   22              {
   23                  return Content("Http Attribute Fun2 + " + model!.ToString()!);
   24              }
   25          }
   26      }
```

筆記：

1. 這邊可以看到 Router 的應用，寫上 Http 的方法後面加上路徑。

2. 當我們要上傳資料的時候會需要用到 Post 的方式，如果沒用這個方式就無法上傳的資料。

3. 預設當我們輸入 Request 為 http://localhost:7213 的時候瀏覽器只會執行 HttpGet 的方式，所以會執行 [HttpGet("~http-attribute")] 所修飾的物件。

Step 03 HttpGet，程式結果。

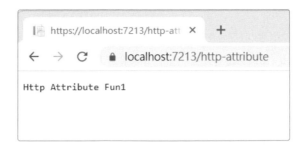

Step 04 開啟 Postman，輸入 https://localhost:7213/http-attribute，並選擇 Post 方法。

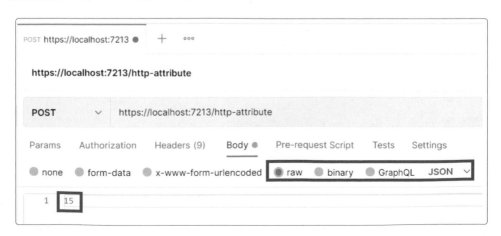

> **筆記**：如果不習慣 Http 基礎可以回到前面章節進行學習。

Step 05 選擇 JSON 格式，輸入數字。

> **筆記：**
>
> 1. 因為是使用 Post 方法，所以可以透過 Body 傳送資料。
> 2. 因為是接收 int 數字，所以這邊測試輸入的時候只能夠輸入數字（如下圖）。

```csharp
[HttpPost("~/http-attribute")]
0 個參考
public IActionResult Fun1([FromBody] int model)
{
    return Content("Http Attribute Fun2 + " + model!.ToString()!);
}
```

5.3 相依性注入 - 控制器

當 Controller 需要用到其他人物件的方法、系統設定資料時就需要用到相依性注入來取得方法或是資料。

以下常見會使用相依性注入的時候：

1. 透過 Option 物件查詢設定檔。
2. 讀取當前環境。
3. Log 注入。
4. 注入客製化服務。

❏ 程式範例：

Step 01 新增 Application 資料夾，存放 ICarService.cs、CarService.cs。

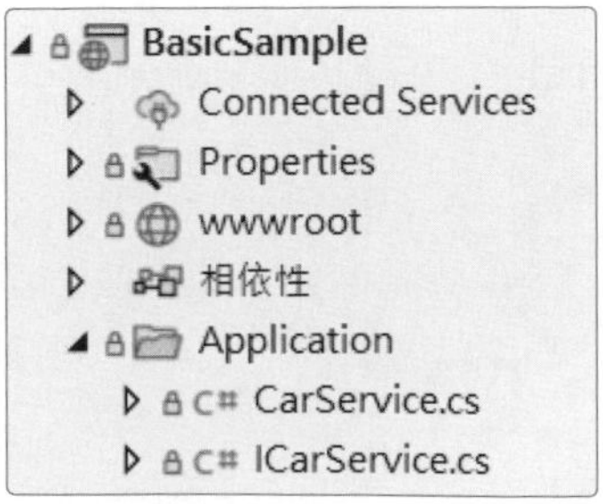

Step 02 撰寫 ICarService.cs，定義功能有什麼。

程式位置：BasicSample/Application/ICarService.cs

```
ICarService.cs  ⊣ ×  InjectController.cs
BasicSample                                          ⊙-○ BasicSample.Application.ICarService
    1       □namespace BasicSample.Application
    2        {
                    4 個參考
    3        □      public interface ICarService
    4               {
    5        □          /// <summary>
    6                   /// 加油
    7                   /// </summary>
    8                   /// <param name="cancellationToken">The cancellation token.</param>
                        2 個參考
    9                   string FillingUp(CancellationToken cancellationToken = default);
    10              }
    11       }
```

Step 03 實作 ICarService.cs 功能。

程式位置：BasicSample/Application/CarService.cs

```
CarService.cs  ⊣ ×
BasicSample                                          ⊙⅔ BasicSample.Application.CarService
    1       □namespace BasicSample.Application
    2        {
                    1 個參考
    3        □      public class CarService : ICarService
    4               {
                        2 個參考
    5        □          public string FillingUp(CancellationToken cancellationToken = default)
    6                   {
    7                       return "需要加油";
    8                   }
    9               }
    10       }
```

Step 04 跟系統註冊客製化的介面和實作物件。

開啟 Program.cs，在 var app = builder.Build(); 上面寫入以下代碼。

程式位置：BasicSample/Program.cs

```
builder.Services.AddTransient<ICarService, CarService>();

var app = builder.Build();
```

Step 05 相依性注入到 InjectController.cs。

程式位置：BasicSample/Controllers/InjectController.cs

```
namespace BasicSample.Controllers
{
    3 個參考
    public class InjectController : Controller
    {
        private readonly IWebHostEnvironment _env;

        private readonly ILogger<InjectController> _logger;

        private readonly TestJsonOption _setting;

        private readonly ICarService _car;

        0 個參考
        public InjectController(
            ILogger<InjectController> logger,
            IOptions<TestJsonOption> options,
            ICarService car,
            IWebHostEnvironment env)
        {
            _logger = logger;
            _setting = options.Value;
            _car = car;
            _env = env;
        }
```

Step 06 使用相依性注入後的 FillingUp() 方法。

程式位置：BasicSample/Controllers/InjectController.cs

```
public IActionResult Test_Car_Inject()
{
    return Content(_car.FillingUp());
}
```

Step 07 使用相依性注入後的 LogInformation() 記錄錯誤。

程式位置：BasicSample/Controllers/InjectController.cs

```
public void Test_log_Inject()
{
    _logger.LogInformation("測試 Log Inject");
}
```

Step 08 讀取參數檔內容。

程式位置：BasicSample/Controllers/InjectController.cs

```
public IActionResult Test_Option_Inject()
{
    return Content("Test_Option_Inject , Name :" + _setting.name);
}
```

Step 09 讀取環境類型。

程式位置：BasicSample/Controllers/InjectController.cs

```
public IActionResult Test_Env_Inject()
{
    return Content("Test_Env_Inject:" + _env.EnvironmentName);
}
```

5.4　檢視

檢視 (View) 是 ASP.NET Core 框架所提供可以撰寫 HTML 的檔案，副檔名為 .cshtml，除了撰寫 HTML 程式碼以外還可以撰寫 Razor 語法，所謂的 Razor 語法就是可以在 .cshtml 檔案裡面寫上 C# 語言，同時也支援 HtmlHelper 和 TagHelper 寫法可以幫助我們撰寫 HTML 的表單功能，另外 ASP.NET Core 框架提供前後端傳遞資料的方式像是 ViewData、ViewBag。

5.4.1　淺談 Razor

在 .cshtml 能使用 @ 標記撰寫的 C# 語法，此用法稱為 Razor，編譯器辨識 @ 符號並認得為 Razor 的用法。

```
About.cshtml  ⊕ ✕   ViewController.cs
    1  ⊟@{
    2          var str = "About";
    3     }
    4
    5     <div>秀出文字：</div>
    6
    7     @if (!string.IsNullOrEmpty(str))
    8  ⊟ {
    9          <div>@str</div>
   10     }
```

> **筆記**：上圖範例就說明，如何在 cshtml 定義變數，並使用條件判斷式結合 HtmlTag 呈現內容。

5.4.2　淺談 TagHelper

ASP.NET Core 提供 Html 標籤裡面的屬性，讓我們可以更好的把後端資料庫物件綁訂到標籤上面，這樣做的好處是當我們輸入值到後端時，也等同於把值裝進物件裡面。

```
<div>
    <label class="caption" asp-for="Email"></label>
    <input asp-for="Email" disabled="@(Model?.Delete == null)" />
    <span asp-validation-for="Email" class="text-danger"></span>
</div>
```

筆記：

1. 如果想學習 TagHelper 請至後續章節有專門解說，這邊只先說明在
   View(檢視) 裡面可以撰寫 TagHelper。
2. 上段程式碼，asp-for 就是 TagHelper 的用法之一。

5.4.3 淺談 HtmlHelper

ASP.NET Core 提供前端 cshtml 檔案裡面可以撰寫 C# 所提供的
方法，這些方法編譯後可以轉譯成 HTML 標籤語法，讓我們不用熟悉
HTML 標籤語法也可以開發網頁前端。

```
<div style="margin-bottom:20px;">
    <div>Currency</div>
    @Html.EditorFor(m => m.TestCurrency)
    @Html.ValidationMessageFor(m => m.TestCurrency,nu
</div>
```

筆記：

1. 如果想學習 HtmlHelper 請至後續章節有專門解說，這邊只先說明在
   View(檢視) 裡面可以撰寫 HtmlHelper。
2. 上段程式碼，Html.EditorFor 就是 HtmlHelper 的用法之一。

5.4.4 如何新增 View

Step 01 在要回傳 View() 的動作方法上點右鍵→新增檢視。

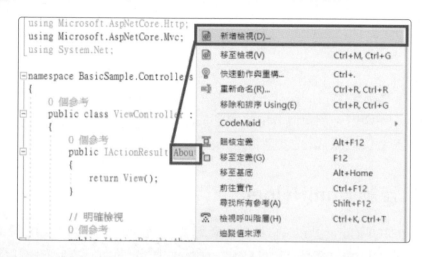

Step 02 選擇 Razor 檢視 - 空白。

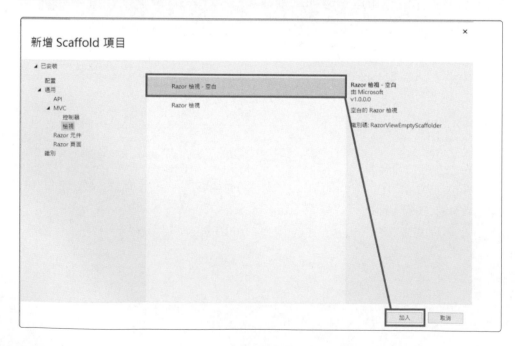

Step 03 新增的 View 名稱要跟 Action 方法名稱相同，不然會 Action 會對應不到 Vie。

Step 04 新增好 View 之後，透過 View/About 這路徑會看到 About.cshtml 裡面的內容。

Step 05 明確檢視，可以指定特別的 View。

```
// 明確檢視
0 個參考
public IActionResult AboutTest()
{
    return View("About_Test");
}
```

Step 06 設時會導向 View/AboutTest，檔名為 AboutTest.cshtml 的檔案，但這邊我們明確指定了需要呈現 About_Test.cshtml 檔案。

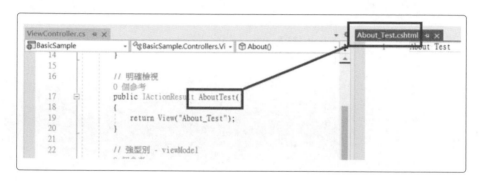

Step 07 執行結果。

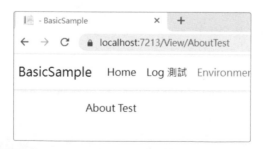

Step 08 在明確指定 View 時，也可以傳入物件資料。

```
public IActionResult SendModelToSpecialView()
{
    return View("SpecialViewGetModel", new Car { Name = "Test", Description = "描述" });
}
```

5.4.5 將資料傳遞到 View

Controller 傳資料到 View 主要有兩種方式強型別和弱型別傳遞，強型別是使用 ViewModel 的方式，把整個物件傳遞到 View。另種方式是弱型別，TempData、ViewBag 都是弱型別傳遞，強型別特別說明資料的型別，弱型別沒有特別說明。

☑ 資料傳遞的類型

名稱	類型	使用時機
ViewModel	強型別	View 資料傳遞到 Controller。
ViewBag	弱型別	View 資料傳遞到 Controller。
ViewData	弱型別	View 資料傳遞到 Controller。
TempData	弱型別	跨 Controller、Action 傳遞。

比較：

在什麼地方傳遞資料	類型
控制器和檢視	ViewData、ViewBag、TempData
檢視和配置檢視 (_Layout)	ViewData、ViewBag、TempData
檢視和部分檢視	ViewData、ViewBag、TempData
可以跨不同 Action 和控制器	TempData

☑ 弱型別類型

❏ ViewData 使用範例

Step 01 在 ViewController 新增方 TestViewData()。

程式位置：BasicSample/Controllers/ViewController.cs

```
public IActionResult TestViewData()
{
    return View();
}
```

Step 02 使用 ViewData["Title"]。

程式位置：BasicSample/Controllers/VIewController.cs

```csharp
public IActionResult TestViewData()
{
    ViewData["Title"] = "Test";
    return View();
}
```

Step 03 新增 View 檢視。

程式位置：BasicSample/Views/VIew/TestViewData.cshtml

Step 04 程式範例。

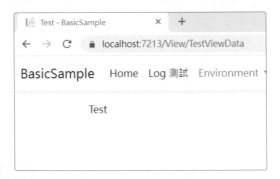

❏ ViewData 屬性使用範例：

Step 01 在 ViewController 新增屬性 (Property)TestViewDataProperty_Title。

```csharp
public string TestViewDataProperty_Title { get; set; } = string.Empty;
```

Step 02 使用 [ViewData] 屬性 (Attribute) 修飾 TestViewDataProperty_Title。

程式位置：BasicSample/Controllers/ViewController.cs

```
[ViewData]
1 個參考
public string TestViewDataProperty_Title { get; set; } = string.Empty;
```

Step 03 在 ViewController 新增 TestViewDataProperty()。

程式位置：BasicSample/Controllers/ViewController.cs

```
0 個參考
public IActionResult TestViewDataProperty()
{
    return View();
}
```

Step 04 TestViewDataProperty_Title 輸入字串內容。

程式位置：BasicSample/Controllers/ViewController.cs

```
0 個參考
public IActionResult TestViewDataProperty()
{
    TestViewDataProperty_Title = "ViewData 屬性用法";
    return View();
}
```

Step 05 產生 View(檢視)。

程式位置：BasicSample/Views/View/TestViewDataProperty.cshtml

Step 06 執行結果。

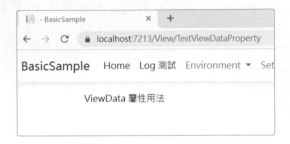

❑ ViewBag 使用範例：

Step 01 在 ViewController 新增方 TestViewData()。

程式位置：BasicSample/Controllers/ViewController.cs

```
public IActionResult TestViewBag()
{
    return View();
}
```

Step 02 使用 ViewBag.Title。

程式位置：BasicSample/Controllers/ViewController.cs

```
public IActionResult TestViewBag()
{
    ViewBag.Title = "Title";
    return View();
}
```

Step 03 新增 View 檢視。

程式位置：BasicSample/Views/View/TestViewBag.cshtml

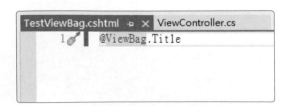

Step 04 執行結果。

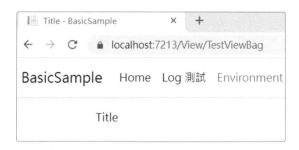

❑ TempData 使用範例：

Step 01 在 ViewController 新增方 TestTempDateLocalView()。

程式位置：BasicSample/Controllers/ViewController.cs

```
public IActionResult TestTempDateLocalView()
{
    return View();
}
```

Step 02 填入 TempData 值。

程式位置：BasicSample/Controllers/ViewController.cs

```
public IActionResult TestTempDateLocalView()
{
    TempData["TempTitle"] = "TempData不跳轉頁面測試";
    return View();
}
```

Step 03 新增 View(檢視)。

程式位置：BasicSample/Views/VIew/TestTempDateLocalView.
cshtml

Step 04 執行結果。

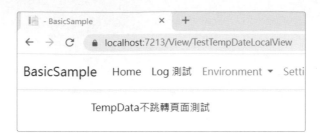

❑ ViewBag、TempData 跨 Controller、Action 使用範例：

Step 01 在 ViewController 新增方法 TestTempDate()。

程式位置：BasicSample/Controllers/ViewController.cs

```
public IActionResult TestTempDate()
{

}
```

Step 02 並填入 ViewBag 以及 TempData 的值。

程式位置：BasicSample/Controllers/ViewController.cs

```
public IActionResult TestTempDate()
{
    TempData["TestTemp"] = "測試";
    ViewBag.Test = "ViewBag Test";
}
```

Step 03 假設我們要從 ViewController 把值傳到 HomeController 裡面，所以設定目的。

程式位置：BasicSample/Controllers/ViewController.cs

```
public IActionResult TestTempDate()
{
    TempData["TestTemp"] = "測試";
    ViewBag.Test = "ViewBag Test";

    return LocalRedirect("~/Home/Test_TempDataViewBag");
}
```

Step 04 HomeController 設定 Action 接收 ViewController 的跳轉。

程式位置：BasicSample/Controllers/ViewController.cs

```
public IActionResult Test_TempDataViewBag()
{
    return View();
}
```

Step 05 新增 Test_TempDataViewBag 的檢視 (View)。

程式位置：BasicSample/Views/Home/Test_TempDataViewBag.
cshtml

```
Test_TempDa...wBag.cshtml    ⊐ ✕   HomeController.cs       ViewC
    1        @TempData["TestTemp"]
    2
    3        @if(ViewBag.Test is null)
    4      ⊟{
    5            <div>ViewBag.Test is null</div>
    6        }
```

> **筆記**：這邊會呈現 TempData 所設定的值，如果 ViewBag.Test 為 null，
> 就會呈現 ViewBag.Test 這個資料是 null，用這種方式來檢測 TempData
> 或是 ViewBag 方法能不能攜帶資料跨一個 Controller 進行傳遞。

Step 06 執行 https://localhost:7213/View/TestTempDate。

先進到 TestTempDate() 方法裡面設定 TempData 等資料，之後馬
上 執 行 LocalRedirect("~/Home/Test_TempDataViewBag")，跳 轉
頁面。

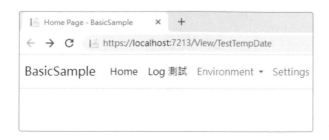

Step 07 執 行 後，會 跳 轉 到 https://localhost:7213/Home/Test_TempData
ViewBag 這個路徑，並呈現資料。

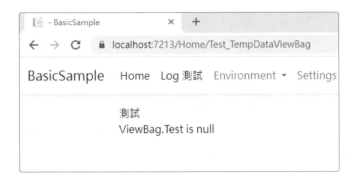

◪ 強型別類型

❑ ViewModel 的使用範例：

Step 01 在 ViewController.cs 裡面新增 SendModel 方法，並在 View 裡面
傳入 Car 物件。

程式位置：BasicSample/Controllers/ViewController.cs

```
public IActionResult SendModel()
{
    return View(new Car { Name = "Test", Description = "描述" });
}
```

Step 02 新增 SendModel.cshtml。

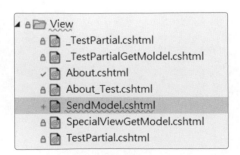

Step 03 撰寫呈現內容。

程式位置：BasicSample/Views/View/SendModel.cshtml

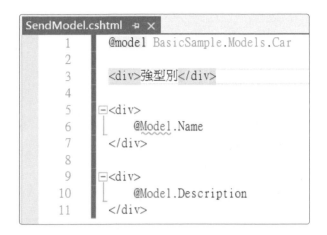

Step 04 執行結果。

5.5 部分檢視

　　一個網頁畫面，可以由很多小區塊組成，每個小區塊都是一個小塊的 View，這就是所謂的部分檢視。

白話文：部分檢視就是一小塊一小塊的 View。

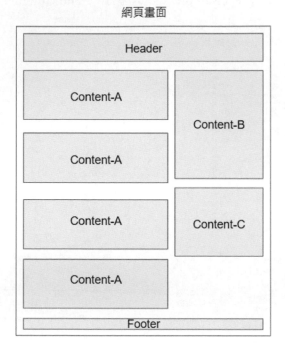

5.5.1 使用時機

1. 重複性的畫面。
2. 想拆解成結構較小的畫面。

5.5.2 部分檢視 (Partial View) 特性

1. 不會套用 _ViewStart.cshtml。
2. 檔名通常會以 _ 底線起頭，並且會有 Partial 關鍵字。
   （起名規則只是通常的規則，非硬性規定）

5.5.3 程式範例

Step 01 在 ViewController.cs 裡面新增 TestPartial() 方法。

程式位置：BasicSample/Controllers/ViewController.cs

```
public IActionResult TestPartial()
{
}
```

Step 02 View 裡面傳入 Car 物件。

程式位置：BasicSample/Controllers/ViewController.cs

```
public IActionResult TestPartial()
{
    return View(new Car
    {
        Name = "Partial Car",
        Description = "部分檢視 車車"
    });
}
```

Step 03 新增 PartialView 部分檢視 _TestPartial、_TestPartialGetModel。

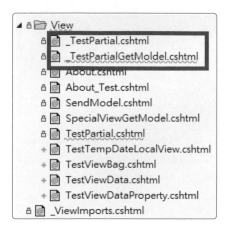

Step 04 撰寫 _TestPartial.cshtml 內容。

程式位置：BasicSample/Views/View/_TestPartial.cshtml

Step 05 撰 _TestPartialGetModel.cshtml 內容，要綁定的物件內容。

程式位置：BasicSample/Views/View/_TestPartialGetModel.cshtml

> **筆記**：這邊可以注意！因為這一個部分檢視提供參數輸入，我們已 Car
> 物件作為範例，所以需要在最上面先説明會使用到的 Model。

Step 06 撰 _TestPartialGetModel.cshtml 內容。

程式位置：BasicSample/Views/View/_TestPartialGetModel.cshtml

> **筆記**：會使用 @Html.PartialAsync("_TestPartialGetModel", Model) 這樣
> 的方法輸入 Car 的 View data model 物件到這個 PartialView 裡面。

Step 07 新增 TestPartial() 方法所對應的 View。

程式位置：BasicSample/Views/View/TestPartial.cshtml

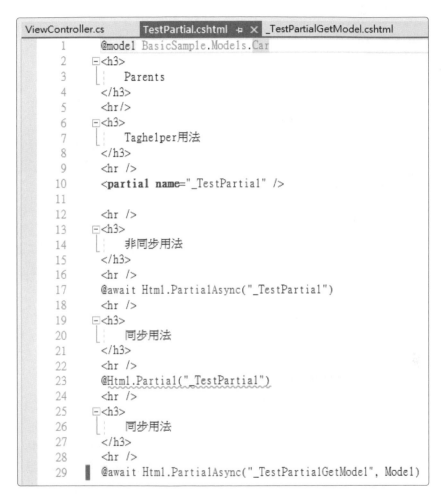

```
ViewController.cs        TestPartial.cshtml  ⊞ ✕  _TestPartialGetModel.cshtml
     1          @model BasicSample.Models.Car
     2       <h3>
     3             Parents
     4         </h3>
     5         <hr/>
     6       <h3>
     7             Taghelper用法
     8         </h3>
     9         <hr />
    10         <partial name="_TestPartial" />
    11
    12         <hr />
    13       <h3>
    14             非同步用法
    15         </h3>
    16         <hr />
    17         @await Html.PartialAsync("_TestPartial")
    18         <hr />
    19       <h3>
    20             同步用法
    21         </h3>
    22         <hr />
    23         @Html.Partial("_TestPartial")
    24         <hr />
    25       <h3>
    26             同步用法
    27         </h3>
    28         <hr />
    29         @await Html.PartialAsync("_TestPartialGetModel", Model)
```

筆記：

1. 在 HtmlHelper 裡面提供兩種方式，同步、非同步，非同步就會加上 await Async 的關鍵字。

   （建議都使用非同步的方式）

2. 在 TagHelper 裡面提供 <partial> 標籤使用。

Step 08 執行結果。

筆記：Parents 字體是指母頁的意思，可以回到範例程式碼觀察，Parents 是寫在 TestPartial.cshtml 這個頁面裡面，而下面的其他內容都是載入的 Partial 所呈現的內容。

5.6 相依性注入 - 檢視

在 ASP.NET Core MVC 的框架裡面並不常看到相依性注入到 View 的方式，但在 Razor Page 或是 Blazor 的框架裡面會是很常看到的作法，所以這邊介紹如何相依性注入到 View 裡面。

Step 01 ViewController 裡面新增方法 TestViewInject()。

程式位置：BasicSample/Controllers/ViewController.cs

```
public IActionResult TestViewInject()
{
    return View();
}
```

Step 02 新增 TestViewInject 相對應的 View 檔案。

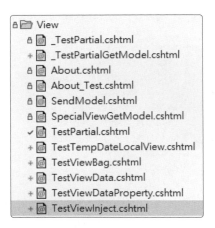

Step 03 TestViewInject.cshtml 裡面，標註引用必要物件。

程式位置：BasicSample/Views/View/TestViewInject.cshtml

```
ViewController.cs          TestViewInject.cshtml  ┌ ×
        1        @using BasicSample.Application
        2        @using BasicSample.Options
        3        @using Microsoft.Extensions.Options
        4
```

Step 04 使用 Inject 關鍵字也是前端相依性注入的用法。

程式位置：BasicSample/Views/View/TestViewInject.cshtml

```
ViewController.cs        TestViewInject.cshtml  ↦ ×
1    @using BasicSample.Application
2    @using BasicSample.Options
3    @using Microsoft.Extensions.Options
4
5    @inject IWebHostEnvironment _env
6    @inject IOptions<TestJsonOption> _setting
7    @inject ICarService _car
```

Step 05 使用這些相依性注入的方法。

程式位置：BasicSample/Views/View/TestViewInject.cshtml

```
ViewController.cs        TestViewInject.cshtml  ↦ ×
1    @using BasicSample.Application
2    @using BasicSample.Options
3    @using Microsoft.Extensions.Options
4
5    @inject IWebHostEnvironment _env
6    @inject IOptions<TestJsonOption> _setting
7    @inject ICarService _car
8
9    <div>
10       <h3>讀取當前環境</h3>
11       <div>@_env.EnvironmentName</div>
12       <hr/><br/>
13   </div>
14
15   <div>
16       <h3>讀取參數檔Option</h3>
17       <div>@_setting.Value.name</div>
18       <div>@_setting.Value.age</div>
19       <hr/><br/>
20   </div>
21
22   <div>
23       <h3>客製化CarService</h3>
24       <div>@_car.FillingUp()</div>
25       <hr/><br/>
26   </div>
```

Step 06 執行結果。

5.7 配置

配置：也稱為版面配置，是指 HTML 程式先配置區塊來放置特定的內容。

一個網頁裡面有很多區塊，常見的像是 Header、Body、Footer 或是 SideBar，ASP.NET Core 裡面也特別針對版面配置提供了方法可以使用（先觀察下圖）。

網頁畫面

筆記：

1. 版面配置主要是透過 _Layout.cshtml 檔案。
2. 透過 HTML Tag，區分了 header、footer 區塊，內容區塊使用 RenderBody() 讀去 View 檔案的內容。
3. header 放置 navbar 功能導覽的部分。
4. footer 放置網站擁有權，誰著作的等等資訊。

5.7.1 ASP.NET Core MVC View 檔資料夾結構

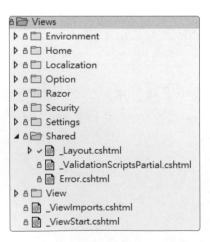

- Views：
  檢視最上層的分類，包含配置檔 _Layout、_ViewImports、View 等等的資料夾，也是系統預設會讀取的資料夾名稱。

- _ViewImports.cshtml：
  用來匯入共用的檔案，當有其他檔案可以讓其他檢視 (View) 共用，就會統一寫在這裡。

- _ViewStart.cshtml：
  在每個檢視 (View) 執行之前需要先執行的程式碼會寫在 _ViewStart.cshtml。

- 各類型 View 檔案：
  每個 View 檔案資料夾，像是 Environment、Home、Option 等等這些名稱通常都對應到 Controller 的名稱，存放那個 Controller 底下的檢視。

- Shared 資料夾：
  裡面放的檢視是給所有 View 共用的檢視，_Layout.cshtml 畫面配置檔就會放置在 Shared 資料夾裡面，預設的 _ValidationScriptsPartial.cshtml 也是全部檢視共用的檔案。

筆記：

_ValidationSc...Partial.cshtml ⊟ ×	_Layout.cshtml	_ViewImports.cshtml	_ViewStart.cshtml	ViewController.cs

```
1    <script src="~/lib/jquery-validation/dist/jquery.validate.min.js"></script>
2    <script src="~/lib/jquery-validation-unobtrusive/jquery.validate.unobtrusive.min.js"></script>
```

_ValidationScriptsPartial.cshtml 存放著當我們要做欄位輸入時的驗證時，會透過這裡面的引用來幫我們進行前端欄位驗證。

5.7.2 _Layout

❑ 片段程式碼：

程式位置：BasicSample/Views/Shared/_Layout.cshtml

```html
<body>
    <header>
        <nav class="navbar navbar-expand-sm navbar-toggleable-sm navbar-light bg-white border-bottom box-shadow m
            <div class="container-fluid">
                <a class="navbar-brand" asp-area="" asp-controller="Home" asp-action="Index">BasicSample</a>
                <button class="navbar-toggler" type="button" data-bs-toggle="collapse" data-bs-target="#navbar" c
                        aria-expanded="false" aria-label="Toggle navigation">
                    <span class="navbar-toggler-icon"></span>
                </button>
                <div class="navbar-collapse collapse d-sm-inline-flex justify-content-between">
                    <ul class="navbar-nav flex-grow-1">
                        <li class="nav-item">...
                        </li>
                        <li class="nav-item">...
                        </li>
                        <li class="nav-item text-dark dropdown">...
                        </li>
                        <li class="nav-item text-dark dropdown">...
                        </li>
                        <li class="nav-item text-dark dropdown">...
                        </li>
                        <li class="nav-item text-dark dropdown">...
                        </li>
                        <li class="nav-item text-dark dropdown">...
                        </li>
                        <li class="nav-item text-dark dropdown">...
                        </li>
                        <li class="nav-item text-dark dropdown">...
                        </li>
                        <li class="nav-item text-dark dropdown">...
                        </li>
                    </ul>
                </div>
            </div>
        </nav>
    </header>
    <div class="container">
        <main role="main" class="pb-3">
            @RenderBody()
        </main>
    </div>
    <footer class="border-top footer text-muted">
        <div class="container">
            &copy; 2023 - BasicSample - <a asp-area="" asp-controller="Home" asp-action="Privacy">Privacy</a>
        </div>
    </footer>

    <script src="~/lib/jquery/dist/jquery.min.js"></script>
    <script src="~/lib/bootstrap/dist/js/bootstrap.bundle.min.js"></script>
    <script src="~/js/site.js" asp-append-version="true"></script>
    @await RenderSectionAsync("Scripts", required: false)
</body>
```

程式碼上中下區塊分別對應到執行後的區塊如下。

- header：
  1. 主頁 BasicSample 回到主頁的超連結。
  2. 功能選單 (Navbar) 的超連結。

- RenderBody：
  ASP.NET Core 提供的方法用來讀取檢視檔 (View)。

- footer：
  隱私權頁、網站相關說明資訊通常會放在 Footer。

- RenderSectionAsync：
  稱為區段，ASP.NET Core 提供的方法執行 View 檔裡面設定的程式碼區段。

5.7.3 _ViewImports

_ViewImports.cshtml(匯入共用指示詞 directives)，專門匯入其他命名空間和指示詞。

以下其他指示詞也可以進行匯入：

1. @addTagHelper
2. @removeTagHelper
3. @tagHelperPrefix
4. @using
5. @model
6. @inherits
7. @inject
8. @namespace

程式位置：BasicSample/Views/_ViewImports.cshtml

```
_ViewImports.cshtml ⇥ ×
    1    @using BasicSample
    2    @using BasicSample.Models
    3    @addTagHelper *, Microsoft.AspNetCore.Mvc.TagHelpers
```

5.7.4 _ViewStart

_ViewStart.cshtml，在任何 View 執行前會執行的程式碼，主要用來分配 View 要使用哪一種配置檔 (_Layout.cshtml)。

程式位置：BasicSample/Views/_ViewImports.cshtml

```
_ViewStart.cshtml ⇥ ×
    1    @{
    2        Layout = "_Layout";
    3    }
    4
```

5.7.5 特定 View 更換配置檔

在開發過程中會遇到一些情境，有些 View 會有自己的配置檔，如果遇到這種情況該怎麼做呢。就需要特別設置專屬的配置檔。

預設程式在執行時會依照以下順序搜尋可以使用的配置檔。

1. Views/View(自己設定的 View 檔)/_Layout.cshtml。
2. Views/Shared/_Layout.cshtml。

❏ 方式一：

Step 01 新增一個 SpecialLayoutController。

　　　程式位置：BasicSample/Controllers/SpecialLayoutController.cs

```
using Microsoft.AspNetCore.Mvc;

namespace BasicSample.Controllers
{
    0 個參考
    public class SpecialLayoutController : Controller
    {
    }
}
```

Step 02 新增 Index() 方法。

```
public IActionResult Index()
{
    return View();
}
```

Step 03 Index.cshtml 撰寫內容。

程式位置：BasicSample/Views/SpecialLayout/Index.cshtml

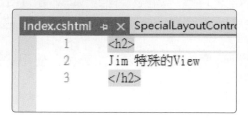

Step 04 在 Views/SpecailLayout 底下新增 _Layout.cshtml。

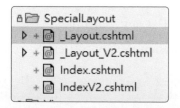

Step 05 撰寫 Views/SpecailLayout/_Layout.cshtml 內容。

內容主要只差在 header 的部分。

```
<header>
    <nav class="navbar navbar-expand-sm navbar-toggleable-sm navbar-light bg-white border-bottom box-shadow mb-3">
        <div class="container-fluid">
            <a class="navbar-brand" asp-area="" asp-controller="SpecialLayout" asp-action="Index">Special - Layout</a>
            <button class="navbar-toggler" type="button" data-bs-toggle="collapse" data-bs-target=".navbar-collapse" aria-controls="navba
                    aria-expanded="false" aria-label="Toggle navigation">
                <span class="navbar-toggler-icon"></span>
            </button>
            <div class="navbar-collapse collapse d-sm-inline-flex justify-content-between">
                <ul class="navbar-nav flex-grow-1">
                    <li class="nav-item">
                        <a class="nav-link text-dark" asp-area="" asp-controller="SpecialLayout" asp-action="Index">V1</a>
                    </li>
                    <li class="nav-item">
                        <a class="nav-link text-dark" asp-area="" asp-controller="SpecialLayout" asp-action="IndexV2">V2</a>
                    </li>
                </ul>
            </div>
        </div>
    </nav>
</header>
```

Step 06 執行結果。

> **筆記**：預設程式在執行時會依照以下順序搜尋可以使用的配置檔。
> 1. Views/View(自己設定的 View 檔)/_Layout.cshtml。
> 2. Views/Shared/_Layout.cshtml。

❏ **方式二：檢視指定發佈檔**

Step 01 在方法一新增的 SpecialLayoutController 裡面再新增一個 Index V2() 的方法。

程式位置：BasicSample/Controllers/SpecialLayoutController.cs

```csharp
public IActionResult IndexV2()
{
    return View();
}
```

Step 02 新增對應的 View 及內容。

Step 03 注意到我們可以直接在 View 檔裡面選擇要執行的配置檔 (Layout. cshtml)。

```
@{
    Layout = "_Layout_V2";
}
```

筆記：指定使用 _Layout_V2 的發佈檔案。

Step 04 新增 _Layout_V2.cshtml。

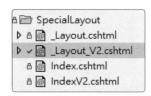

Step 05 撰寫 Views/SpecailLayout/ 增 _Layout_V2.cshtml 內容。

```html
<!DOCTYPE html>
<html lang="en">
<head>
    <meta charset="utf-8" />
    <meta name="viewport" content="width=device-width, initial-scale=1.0" />
    <title>@ViewData["Title"] - BasicSample</title>
    <link rel="stylesheet" href="~/lib/bootstrap/dist/css/bootstrap.min.css" />
    <link rel="stylesheet" href="~/css/site.css" asp-append-version="true" />
    <link rel="stylesheet" href="~/BasicSample.styles.css" asp-append-version="true" />
</head>

<body>
    <header>
        <nav class="navbar navbar-expand-sm navbar-toggleable-sm navbar-light bg-white border-bottom box-shadow mb-3">
            <div class="container-fluid">
                <a class="navbar-brand" asp-area="" asp-controller="SpecialLayout" asp-action="Index">Special - Layout -V2</a>
                <button class="navbar-toggler" type="button" data-bs-toggle="collapse" data-bs-target=".navbar-collapse" aria-controls="navbarSupportedCont
                        aria-expanded="false" aria-label="Toggle navigation">
                    <span class="navbar-toggler-icon"></span>
                </button>
                <div class="navbar-collapse collapse d-sm-inline-flex justify-content-between">
                    <ul class="navbar-nav flex-grow-1">
                        <li class="nav-item">
                            <a class="nav-link text-dark" asp-area="" asp-controller="SpecialLayout" asp-action="Index">V1</a>
                        </li>
                        <li class="nav-item">
                            <a class="nav-link text-dark" asp-area="" asp-controller="SpecialLayout" asp-action="IndexV2">V2</a>
                        </li>
                    </ul>
                </div>
            </div>
        </nav>
    </header>
    <div class="container">
        <main role="main" class="pb-3">
            @RenderBody()
        </main>
    </div>
    <footer class="border-top footer text-muted">
        <div class="container">
            &copy; 2023 - BasicSample - <a asp-area="" asp-controller="Home" asp-action="Privacy">Privacy</a>
        </div>
    </footer>

    <script src="~/lib/jquery/dist/jquery.min.js"></script>
    <script src="~/lib/bootstrap/dist/js/bootstrap.bundle.min.js"></script>
    <script src="~/js/site.js" asp-append-version="true"></script>
    @await RenderSectionAsync("Scripts", required: false)
</body>

</html>
```

> **筆記**：把框起處換乘不同字眼，説明不同 Veiw 會套用到不同的配置檔。

Step 06 執行結果。

> **筆記**：點擊框起處 V2，就會導向不同 View 套用不同配置檔。

5.7.6 Section 區段

_Layout.cshtml 透過 RenderBody() 方 法 讀 取 View 的 檔 案，透過 RenderSection() 方法參考一個或是多個區段程式碼。

區段的使用主要有兩個步驟：

Step 01 View 裡面設定區段。

Step 02 在 _Layout 裡面使用 RenderSection 或是非同步方式 RenderSection Async 來讀取 View 裡面的區段設定。

下圖就是區段程式碼寫法：

> **筆記**：section 可以標記出這區塊是 section 區段，後面是這區段的名字，大括號裡是程式碼內容。@section 名稱 {... 要撰寫的程式碼 }。

❏ 程式範例：

Step 01 SpecialLayoutController 裡面新增 RenderSectionView() 方法。

程式位置：BasicSample/Controllers/SpecialLayoutController.cs

```
public IActionResult RenderSectionView()
{
    return View();
}
```

Step 02 新增對應的檢視 View。

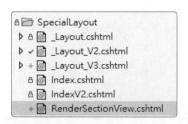

Step 03 撰寫 RenderSectionView.cshtml 內容。

程式位置：BasicSample/Views/SpecialLayout/RenderSectionView.cshtml

```
RenderSectionView.cshtml ⊕ ✕  _Layout_V3.cshtml        SpecialLayoutController.cs
 1   @{
 2       Layout = "_Layout_V3";
 3   }
 4   @section css{
 5       <link rel="stylesheet" href="~/lib/bootstrap/dist/css/bootstrap.min.css" />
 6       <link rel="stylesheet" href="~/css/site.css" asp-append-version="true" />
 7       <link rel="stylesheet" href="~/BasicSample.styles.css" asp-append-version="true" />
 8   }
 9
10   @section htmlTest{
11
12       <h3>嗨嗨 我是 Jim</h3>
13
14   }
15
16   <h3>區段程式碼範例</h3>
17
18
19   @section Scripts {
20       <script src="~/lib/jquery/dist/jquery.min.js"></script>
21       <script src="~/lib/bootstrap/dist/js/bootstrap.bundle.min.js"></script>
22       <script src="~/js/site.js" asp-append-version="true"></script>
23   }
```

筆記：
1. 通常區段用法會用在 View 檔需要引用特定的 css、javascript 等等程式碼時就會使用片段的方式。
2. @section 名稱 { 程式碼 }。
3. 前端標籤語言可以寫在區段 (section) 裡。

Step 04 新增配置檔 _Layout_V3.cshtml。

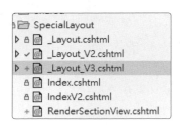

Step 05 撰寫配置檔 _Layout_V3.cshtml 內容。

程式位置：BasicSample/Views/SpecialLayout/_Layout_V3.cshtml

```
_Layout_V3.cshtml + X   SpecialLayoutController.cs
    1       <!DOCTYPE html>
    2       <html lang="en">
    3       <head>
    4           <meta charset="utf-8" />
    5           <meta name="viewport" content="width=device-width, initial-scale=1.0" />
    6           <title>@ViewData["Title"] - BasicSample</title>
    7           @await RenderSectionAsync("css",required: false)
    8       </head>
    9
   10       <body>
   11           <header>
   12               <nav class="navbar navbar-expand-sm navbar-toggleable-sm navbar-light bg-white border-bott
   30               </nav>
   31           </header>
   32           <div class="container">
   33               <main role="main" class="pb-3">
   34                   @RenderSection("htmlTest",required: false)
   35                   @RenderBody()
   36               </main>
   37           </div>
   38           <footer class="border-top footer text-muted">
   39               <div class="container">
   40                   &copy; 2023 - BasicSample - <a asp-area="" asp-controller="Home" asp-action="Privacy"
   41               </div>
   42           </footer>
   43
   44           @await RenderSectionAsync("Scripts", required: false)
   45       </body>
   46
   47       </html>
   48
```

> **筆記：**
> 1. 使用 @RenderSection 方式讀取 View 裡面的設定。
> 2. RenderSection(" 區段名稱 ", 設定區段是否一定要存在)。
>   如果當我們引用區段 await RenderSectionAsync("cssTest",required: true)，而我們在程式其他地方找不到 @section cssTest{}，這時候 required 為 true 時會發生錯誤。
>   require 為 true 表示區段一定要存在，不存在會出錯。
>   require 為 false 表示區段不一定要存在，不存在不會出錯。
> 3. 範例是使用非同步的方式執行。
>   同步：RenderSection
>   非同步：RenderSectionAsync

Step 06 執行結果。

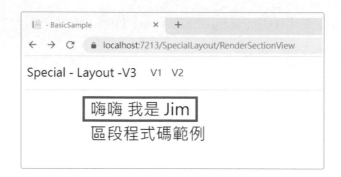

5.8 練習題

1. RenderSection 的作用是什麼？

2. RenderSection 與 Sectiont 有什麼關係？

3. ASP.NET Core MVC 框架提供了哪些功能？

4. 什麼是強型別與弱型別？

5. 如何把值傳到前端 View ？

6. Razor 使用在哪裡？

7. Router 跟 Controller 有關聯嗎？

8. 什麼事 MVC ？

9. TagHelper 和 HtmlHelper 使用方式差在哪？

10. _ViewStart.cshtml 用途是？

EntityFramework Core 6

Asp.Net Core專案是一個網頁應用程式 (Web Application)，
而 MS SQL Server 也是一個獨立的資料庫伺服器，他們兩個
是毫無關聯的兩個服務，一個只提供網站服務，另一個提供資
料儲存功能，那我們要怎麼把網頁應用程式的資料儲存到資料
庫上呢？

中間的橋樑就是 Entity Framework。

Entity Framework：是一個套件，
跟資料庫存取資料的橋梁。

6.1 ORM(Object Relational Mapping)

ORM(Object Relational Mapping)，中文是物件關聯對應，定義資料物件 (Model) 如何跟關聯式資料庫 (SQLServer) 互動的一種程式設計。

再繼續説明之前先補充説明常見的關聯資料庫，並接續做比較和解説。

一般常見的資料庫 SQLServer、MySQL、SQLite 等等，都是使用 SQL 這個程式語言撰寫的。

6.1.1 常見 SQL 語法

❑ 新增

```
INSERT INTO
[BlogV1].[dbo].[Articles]
(Title,ArticleContent,IsDelete)
VALUES ('測試','測試內容',0)
```

❑ 刪除

```
DELETE FROM [BlogV1].[dbo].[Articles]
WHERE [IsDelete] = 0;
```

❑ 修改

```
UPDATE [BlogV1].[dbo].[Articles]
SET [Title] = 'TEST'
WHERE [IsDelete] = 0;
```

❑ 查詢

```
⊟SELECT
 [Id]
 ,[Title]
 ,[ArticleContent]
 ,[IsDelete]
 FROM [BlogV1].[dbo].[Articles]
```

❑ 查詢特定筆數

```
⊟SELECT TOP (5)
 [Id]
 ,[Title]
 ,[ArticleContent]
 ,[IsDelete]
 FROM [BlogV1].[dbo].[Articles]
```

6.1.2 Entity Framework 比較 SQL 語法

新增：

```
var article = new Article
{
    Title = model.Title,
    ArticleContent = model.ArticleContent,
    IsDelete = model.IsDelete
};

_db.Articles.Add(article);
await _db.SaveChangesAsync();
```

查詢：

```
return await _db.Articles.Where(x => x.Id == id).ToListAsync();
```

　　由上述可以清楚看到差異，一般要跟資料庫溝通就需要寫 SQL 語法，如果使用 ORM 的技術就可以使用 C# 物件程式也就是 DbContext 物件，去操控資料庫的資料，這邊可以在呼應一次開頭的說明會更有感覺，ORM(物件關聯對應) 定義資料物件 (Model) 如何跟關聯式資料庫 (SQLServer) 互動的一種程式設計。

❑ **ORM 優缺點：**

優點：

1. 開發效率提高了，不必寫 SQL 語法。
2. 可以防止 SQL Injection。
3. 如果連接的資料庫有變動不用再更改寫法。

缺點：

1. 系統執行效率降低。
2. 複雜的查詢程式碼難以撰寫，像是很多次的 LeftJoin 會顯得程式碼龐大。

6.2　什麼是 EntityFramework

　　EntityFramework 就是一個 ORM 的存取資料庫的技術，前一節的了解大致了解了什麼是 ORM，這一節就介紹 EntityFramework。

　　當我們要使用 EF 在 .Net Core 裡面的時候需要先裝兩個套件。

1. Microsoft.EntityFrameworkCore.SqlServer。
2. Microsoft.EntityFrameworkCore.Tools。

第一個 Microsoft.EntityFrameworkCore.SqlServer，讓我們可以做到以下事情。

1. 使用 ORM 物件 (DbContext)。
2. 新增、查詢、刪除、編輯資料。
3. 新增、刪除資料表。
4. 產生預設資料 DataSeed。

第二個 Microsoft.EntityFrameworkCore.Tools，提供 Code First 功能，Code First 是一種先產生資料物件 (Entity)，再新增成資料表的一種技術。

流程：

1. 新增資料物件 (Entity)。
2. 撰寫 DbSet。
3. 在套件管理員命令提示框輸入指令。
4. 資料庫就會新增資料表。

指令：

1. 新增要傳入資料庫，要讓資料庫新增的物件。
   Add-Migrations 檔案名稱。

2. 更新資料庫。
   Update-Database。

6.3 什麼是 DbContext

DbContext 是 EntityFramework 提供的物件,它是代表資料庫的物件,可以透過它來新增、編輯、讀取、刪除我們存在資料表裡面的資料。

程式位置:EFBlog/DbAccess/ApplicationDbContext.cs

```csharp
10 個參考
public class ApplicationDbContext : DbContext
{
    0 個參考
    public ApplicationDbContext(DbContextOptions<ApplicationDbContext> options)
    : base(options)
    {
    }

    8 個參考
    public DbSet<Article> Articles { get; set; }

    1 個參考
    public DbSet<AuthUser> AuthUsers { get; set; }

    0 個參考
    protected override void OnModelCreating(
    ModelBuilder modelBuilder)
    {
        base.OnModelCreating(modelBuilder);

        // 為每個 Table 詳細定義內容
        modelBuilder.ApplyConfigurationsFromAssembly(GetType().Assembly);
    }
}
```

筆記:會用繼承的方式使用 DbContext。

```csharp
public ApplicationDbContext(DbContextOptions<ApplicationDbContext> options)
: base(options)
{
}
```

筆記：對資料庫的設定，會從這邊的 option 傳到底層的 DbContext 裡面。

```
8 個參考
public DbSet<Article> Articles { get; set; }
```

筆記：DbSet 的作用是產生能存取這張資料表的物件，同時也會新增此資料表在資料庫裡面。

也就是說這段程式可以理解為，DbSet 會產生 Articles 物件，當我們要跟資料庫存取 Articles 的資料的時候就會使用到它。而在一開始，也會透 DbSet 的設定，在資料庫新增 Articles 的資料表。

```
protected override void OnModelCreating(
ModelBuilder modelBuilder)
{
    base.OnModelCreating(modelBuilder);

    // 為每個 Table 詳細定義內容
    modelBuilder.ApplyConfigurationsFromAssembly(GetType().Assembly);
}
```

筆記：要新增的每張資料表裡面的欄位類型、長度，會透過 modelBuider 設定並建立。

6.4 練習題

1. 如何安裝 EntityFramework 套件？

2. 什麼是 EntityFramework ？

3. ORM 是什麼？

4. SQL 語法你會幾種？

EF Core 資料庫 存取資料語法

了解完 Code First 之後,接下來就需要知道如何新增、刪除、查詢、修改資料表裡面的資料,這樣才可以把文章的資料存到裡面去。

第七章的時候才會說明完整專案程式碼,這一章只需要知道 Entity Framework 相關的資料庫存取的寫法就可以了。

7.1 新增、編輯、刪除、查詢資料的語法

7.1.1 新增

Step 01 實作物件把要存進資料表的資料放入這個物件裡面，以 Article 物件為例。

```
var article = new Article
{
    Title = model.Title,
    ArticleContent = model.ArticleContent,
    IsDelete = model.IsDelete
};
```

Step 02 把剛剛新建的 Article 物件用 Add 包起來，代表這些資料是要新增。

```
_db.Articles.Add(article);
```

> **筆記**：_db 是我們前一章節新增的 DbContext 物件，它裡面有 Articles 這個一個資料表在，我們只需要使用 Add 方法，將資料加入到裡面就完成了。

Step 03 使用 DbContext 裡面的儲存方法 SaveChangesAsync 把資料更新到資料庫裡面。

```
await _db.SaveChangesAsync();
```

7.1.2 查詢

Step 01 用 Select 方式選擇資料欄位。

```
var c = _db.Articles.Select(x => x);
```

> **筆記**：如果不特別挑選欄位那就是讀出所有的欄位。

```
var c1 = _db.Articles.Select(x => new { x.Id, x.Title });
```

> **筆記**：也可以只選擇你要的欄位撈出資料。

Step 02 ToListAsync 讀出整個資料列。

```
var c = await _db.Articles.Select(x => x).ToListAsync();
```

Step 03 也可以只讀出一筆資料。

```
var c = await _db.Articles.Select(x => x).FirstOrDefaultAsync();
```

7.1.3 編輯

Step 01 首先需要知道是哪一筆資料需要被編輯,因此需要用 where 先篩選出資料。

```
var a = _db.Articles.Where(x => x.Id == model.Id);
```

Step 02 FirstOrDefaultAsync 讀取這筆資料。

```
var a = await _db.Articles.Where(x => x.Id == model.Id).FirstOrDefaultAsync();
```

Step 03 把要修正的資料放進去。

```
a.Title = model.Title;
a.ArticleContent = model.ArticleContent;
a.IsDelete = model.IsDelete;
```

Step 04 用 Update 把資料包起來,這代表示要更新的資料。

```
_db.Articles.Update(a);
```

Step 05 使用 DbContext 儲存資料。

```
await _db.SaveChangesAsync();
```

7.1.4 刪除

Step 01 用 where 先篩選出要刪除的資料。

```
var a = _db.Articles.Where(x => x.Id == model.Id);
```

Step 02 FirstOrDefaultAsync 讀取這筆資料。

```
var a = await _db.Articles.Where(x => x.Id == model.Id).FirstOrDefaultAsync();
```

Step 03 跟 DbContext 說要刪除這筆資料。

```
_db.Articles.Remove(a);
```

Step 04 DbContext 刪除這筆資料,這邊一樣是用 SaveChangesAsync 這一個方法,他會把前一步驟的要刪除的資料在儲存時刪除。

```
await _db.SaveChangesAsync();
```

總結：有沒有發現編輯、新增、刪除都是用 SaveChangesAsync 作資料的變更，所以 Remove、Update、Add 的作用像是跟 DbContext 先說明有這些資料要做變更，當使用 SaveChangesAsync 之後才真的開始做變更。

7.2 查詢資料庫常用語法

7.2.1 取得第一筆資料

程式碼位置：BasicSample/Controllers/EFController.cs
方法：index()

```
// ----- 取得第一筆資料 -----

// 同步
var first = _db.Users
        .First();

// 非同步
var firstAsync = await _db.Users
    .FirstAsync();
```

同步：First()。
非同步：FirstAsync()。

7.2.2 取得第一筆資料如果資料不存在回傳 Null

程式碼位置：BasicSample/Controllers/EFController.cs

方法：index()

```
// ----- 取得第一筆資料，沒資料回傳Null ---

// 同步
var firstorDefault = _db.Users
    .FirstOrDefault();

// 非同步
var firstorDefaultAsync = await _db.Users
    .FirstOrDefaultAsync();
```

同步：FirstOrDefault()。

非同步：FirstOrDefaultAsync()。

7.2.3 List 取得多筆資料

程式碼位置：BasicSample/Controllers/EFController.cs

方法：index()

```
// ----- 取得多筆資料 -----

// 同步
var list = _db.Users
        .ToList();

// 非同步
var listAsync = await _db.Users
    .ToListAsync();
```

同步：ToList()。

非同步：ToListAsync()。

7.2.4 條件搜尋

程式碼位置：Controller/EFController.cs

方法：index()

```
// ----- 條件查詢 -----
var whereList = _db.Users
    .Where(x => x.Name.Length > 2)
    .ToList();
```

7.2.5 排序

程式碼位置：BasicSample/Controllers/EFController.cs

方法：index()

```
// ----- 依照特定欄位排序(由小到大排) -----
var orderByList = _db.Users
    .OrderBy(x => x.Name)
    .ToList();

// -----依照特定欄位排序(由大到小排)-----
var orderByDescList = _db.Users
    .OrderByDescending(x => x.Name)
    .ToList();
```

順排：OrderBy()。

倒著排：OrderByDescending()。

7.2.6 反轉查詢資料順序

程式碼位置：BasicSample/Controllers/EFController.cs

方法：index()

```
// ----- 翻轉資料順序 -----
var reverseList = _db.Users
    .OrderBy(x => x.Name)
    .Reverse()
    .ToList();
```

> **筆記**：如果要使用 Reverse() 這一個方法，我們需要先使用 OrderBy 排序查詢結果。

7.2.7 Group Join

程式碼位置：BasicSample/Controllers/EFController.cs

方法：index()

```
// ----- Left Join -----
var leftjoin = await _db.Users.GroupJoin(
    _db.Orders,
    x => x.Id,
    y => y.UserId,
    (x, y) => new
    {
        user = x,
        order = y
    })
    .SelectMany(x => x.order.DefaultIfEmpty(), (x, y) =>
    new
    {
        userId = x.user.Id,
        userName = x.user.Name,
        product = y.Product,
    })
    .ToListAsync();
```

> **筆記**：當兩張資料表需要組合出資料的時候，會使用到 group join 的方式，而 group join 類似 SQL 語法裡面 left join 的結果。

7.3 資料庫的 Transaction 介紹

　　新增、編輯、刪除資料是跟資料庫交易，這些動作會改變到資料庫裡面設定的值。在實際開發的情況裡，有時候會需要同時更動數張資料表裡面的資料，像是可能一次要刪除一筆 C 資料表的資料、新增資料表 A 的資料、修改資料表 B 的資料，假設過程出現了網路斷線問題，導致 B 資料表應該要修改的資料沒有修改到那這時候整體的資料就會有問題，無法得到預期結果。

　　為了解決上述的問題，資料庫的交易 (Transaction) 有四個原則，不可部份完成性（Atomicity）、一致性（Consistency）、隔離行為（Isolation behavior）與持續性（Durability）。

- 不可部份完成性：
  一次的交易行為裡面可能包含像是上述三個步驟 (刪除、新增、修改)，而這三個動作就是這一次的交易，這次的交易要馬全部成功或是失敗，不可部分完成。

- 一致性：
  交易完成後，有關聯的資料會一致的狀態。

- 隔離行為：
  每一次的交易都是相互獨立互不影響。

- 持續性：
  交易成功之後，交易就會存在系統磁碟裡面，這樣即使資料庫伺服器關機，交易資料也不會遺失。

7.3.1 TransactionScope

程式碼位置：BasicSample/Controllers/EFController.cs

方法：txn()

```
public async Task Txn()
{
    using var txn = new TransactionScope(TransactionScopeAsyncFlowOption.Enabled);

    var user = _db.Users.Add(new DbAccess.Models.User
    {
        Name = "Jim01"
    });
    await _db.SaveChangesAsync();

    _db.Orders.Add(new DbAccess.Models.Order
    {
        UserId = user.Entity.Id,
        Product = "JimProduct01"
    });

    await _db.SaveChangesAsync();
    txn.Complete();
}
```

筆記：

1. 新增 User 的資料的時候先進行儲存。

2. 新增 Order 資料的時候我們會拿到 User 新增後所提供的 UserId。

3. 如果新增 User 的時候出現錯誤，那我們也不應該新增 Order 的資料，所以就要設定 TransactionScope，新增 User 以及 Order 這兩張表的資料要同時完成時才算完成，如果有一張表交易異常，那這一次的交易就不成立。

7.4 練習題

1. 如何利用 EF 編輯一筆資料？

2. 實戰常用！怎麼利用 EF 做出 Left Join ？

3. 為什麼有時候需要用到 Transaction ？

4. FirstOrDefault() 跟 First() 差在哪裡？

5. 如何透過 EF 取得多筆資料？

Razor

前面講解核心觀念 DI(相依性注入)，之後講到 EF
的應用學習怎麼新增、修改、查詢，也實作商業邏輯
串接資料庫，前面主要就是後端工程師的部分，這章
主要講解 Asp.Net Core MVC 的網頁前端的技術，可
以直接撰寫 C# 在前端裡面。

什麼是 Razor

Razor 就是一種可以在網頁 Html 裡面撰寫 C# 的技術,他會用 @ 的符號標示要開始寫 C# 程式,但這邊要記住雖然可以寫 C# 語法,但並不是全部的 C# 語法都會支援。

程式位置:BasicSample/Views/Razor/Razor.cshtml

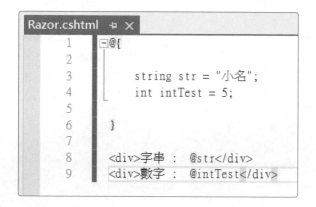

說明:

1. 如果要能在 html 裡面撰寫 C#,檔名要是 cshtml。
2. C# 的語法要在 @{} 裡面,或是 @XXX。

畫面呈現:

8.2 **Razor** 常用語法整理

程式位置：BasicSample/Views/Razor/BasicSyntax.cshtml

8.2.1 用大括號方式加上 @ 字元，撰寫 C# 語法

```
BasicSyntax.cshtml
1  @{
2      // 1.用大括號方式加上@字元，撰寫C#語法
3      string name = "Jack";
4  }
```

8.2.2 @ 字元標示出 C#語法定義的變數值，印在 html 標前裡面

```
<div>
    <h1>Hi~</h1>
    <!--2.標示出C#語法定義的變數值，印在html標前裡面-->
    <div>@name</div>
</div>
```

執行效果：

8.2.3 程式碼會區分大小寫

```
@{
    // 3.程式碼會區分大小寫
    string Title = "Title";
    string title = "title";
}

<div>
    <h1>程式碼會區分大小寫</h1>
    <div>@Title</div>
    <div>@title</div>
</div>
```

執行效果：

程式碼會區分大小寫
Title
title

8.2.4 註解方式

```
@{
    // 4.註解
    // string Title = "Title";
    @*string title = "title";*@
}
```

8.2.5 @ 符號呈現在畫面上

```
<div>使用@@符號呈現在畫面上</div>
```

執行效果：

使用@符號呈現在畫面上

8.2.6 變數和類型

```
<h1>變數</h1>

@{
    var str = "Welcome!";

    var theInt = 3;

    var today = DateTime.Today;

    // 也可以明確定義類型
    string strName = "Joe";
    int count = 5;
    DateTime tomorrow = DateTime.Now.AddDays(1);
}
```

8.2.7 運算子

Step 01 定義變數。

```
69      // 傳遞值
70      var age = 17;
```

Step 02 判斷是否相等的運算。

== 表示是相等為 true 值：

!= 表示是相等為 true 值：

```
72        // == 進行比較，如果等於就會做下面的事
73        var myNum = 15;
74        if (myNum == 15)
75        {
76        }
77
78        // != 進行比較，如果不等於就會做下面的事
79        var theNum = 13;
80        if (theNum != 15)
81        {
82        }
```

> 、< 成立時為 true 值：

```
84        // 大於小於等於的比較
85        if (1 < 5)
86        {
87        }
88        var currentCount = 10;
89        if (currentCount >= 10)
90        {
91        }
```

加減運算：

```
93        // 數字變數加一
94        int theCount = 0;
95        theCount += 1;
```

布林判斷，也就是 true or false 判斷：

```
97        // 布林變數，加上驚嘆號可以轉換boolean的值
98        bool taskCompleted = false;
99        if (!taskCompleted)
100       {
101       }
```

&&(且)、||(或者)把兩個條件一起判斷:

```
103         // && 當兩個條件達成,才會做下面的事
104         bool myTaskCompleted = false;
105         int totalCount = 0;
106         if (!myTaskCompleted && totalCount < 10)
107         {
108         }
109
110         // || 只要一個條件達成,就會做下面的事
111          if (!myTaskCompleted && totalCount < 10)
112         {
113         }
```

8.2.8 條件式

if、else 條件判斷:

```
    <h1>條件式</h1>
@{
    var testNum = 5;
    if(testNum == 0)
    {
        <p>數字為0</p>
    }
    else if (testNum  > 0 && testNum <= 5)
    {
        <p>數字大於零小於等於5</p>
    }
    else
    {
        <p>@testNum</p>
    }
}
```

switch，可以分化每一個值要執行什麼要動作：

```
@{
    var weak = "Wednesday";
    int day;

    switch(weak)
    {
        case "Monday":
            day = 1;
            break;
        case "Tuesday":
            day = 2;
            break;
        case "Wednesday":
            day = 3;
            break;
        default:
            day = 0 ;
            break;
    }

    <p>@weak：禮拜 @day</p>
}
```

8.2.9 迴圈

```
164     <div>for</div>
165     @for (var i = 10; i < 21; i++)
166     {
167         <p>Line #: @i</p>
168     }
```

```
170     <div>foreach</div>
171     @{
172         string[] strArr = { "A123", "B1234", "C123" };
173
174         foreach (var i in strArr)
175         {
176             <p>i</p>
177         }
178     }
```

```
180      <div>while</div>
181  ┌ @{
182          var countNum = 0;
183          while (countNum < 50)
184  ┌      {
185              countNum += 1;
186              <p>Line #@countNum: </p>
187  └      }
188  └ }
```

<table>
<tr><td></td><td>8.3</td><td>Asp.net Core MVC Controller 傳送
資料到前端的 View</td></tr>
</table>

在 Asp.net Core MVC 的框架裡面會需要將後端的 Controller 傳送資料到前端的 View，主要會用 TempData、DataView、ViewBag、Model 這四種方式。

方法名稱	說明	是否可跨 Controller/Action
TempData	Dictionary 的資料結構，由 key 和 value 組成。	可以
DataView	Dictionary 的資料結構，由 key 和 value 組成。	不可以
ViewBag	可以存入動態型別和值。	不可以
Model	通常是物件、陣列等等結構	不可以

筆記：

1. ViewBag、Model 其實都會由 ViewData 進行傳送，可以理解為 ViewData 底下有兩個分支，一個是 ViewBag、Model。
2. 由於上述第一點，所以 ViewBag 和 ViewData 不能設定同個名稱來傳遞直會造成覆蓋。

8.3.1 TempData

程式位置：BasicSample/Views/Razor/FourMethodControllerSendValu
eToView.cshtml

```
TempData["TempDate"] = DateTime.UtcNow;
TempData["TempNum"] = 1;
TempData["TempName"] = "名稱";
```

```
<h1>TempData</h1>
<div>@TempData["TempNum"]</div>
<div>@TempData["TempName"]</div>
<div>@TempData["TempDate"]</div>
```

8.3.2 ViewData

程式位置：BasicSample/Views/Razor/FourMethodControllerSendValu
eToView.cshtml

```
ViewData["Num"] = 12;
ViewData["ViewName"] = "Jack";
ViewData["ViewDate"] = DateTime.UtcNow;
```

```
<h1>ViewData</h1>
<div>@ViewData["Num"]</div>
<div>@ViewData["ViewName"]</div>
<div>@ViewData["ViewDate"]</div>
```

8.3.3 ViewBag

程式位置：BasicSample/Views/Razor/FourMethodControllerSendValu
eToView.cshtml

Step 01 輸入值到設定的 ViewBag 裡面。

```
ViewBag.BagNum = 13;
ViewBag.BagName = "Bag名稱";
ViewBag.Bag日期 = DateTime.UtcNow;
```

Step 02 呈現到前端畫面。

```
<h1>ViewBag</h1>
<div>@ViewBag.Num</div>
<div>@ViewBag.BagName</div>
<div>@ViewBag.Bag日期</div>
```

8.3.4 Model

實戰常用 Model 方式傳遞物件到 View，因為這是強型別的方式，不容易搞錯資料型態。

程式位置：BasicSample/Views/Razor/FourMethodControllerSendValueToView.cshtml

Step 01 Controller 裡面的 Action 組成資料物件傳到前端。

```
[HttpGet]
0 個參考
public IActionResult FourMethodControllerSendValueToView()
{
    ViewData["Age"] = 12;
    ViewData["userName"] = "Jack";

    ViewBag.Name = "弱型別";

    TempData["Date"] = DateTime.UtcNow;

    var Model = new CreateOrder
    {
        Id = 3,
        BirthDay = DateTime.UtcNow,
        Amount = 32,
        Email = "test@gmail.com"
    };

    return View(Model);
}
```

Step 02 前端 View 先定義後端傳來的 Model 類型，在使用 @Model 這個
變數讀取裡面的欄位。

```
@model BasicSample.Models.CreateOrder

<h1>Model</h1>
<div>
    @Model.Id
</div>
<div>
    @Model.BirthDay
</div>
<div>
    @Model.Amount
</div>
<div>
    @Model.Email
</div>
```

成果：

8.4　練習題

1. 為什麼實戰常用 Model 方式傳遞物件到 View ？

2. Razor 可以寫出 for 迴圈嗎？

3. 怎麼利用 Razor 寫出條件判斷句？

4. 這麼多後端傳值到 View 的方法，有辦法跨 Controller、Action 傳遞值嗎？

HtmlHelper

這章節會使用到後端傳遞物件資料到前端表單的方法，如果不熟可以往前一章節學習。

HtmlHelper 是 Asp.net Core 提供的寫法，會自動轉化成 html 語法，但如果你是本身就會寫 html 語法的人，可能就不會這麼習慣撰寫 HtmlHelper。

9.1 HtmlHelper 提供的方法

強型別	弱型別	瀏覽器轉換出的 Html
無	Html.BeginForm()	\<form action="" method=""\>\</form\>
無	Html.Raw()	不做編碼
無	Html.ActionLink()	\<a href="..." /\>
無	Html.ValidationSummary()	\<span\> 錯誤訊息 \</span\>
Html.ValidationMessage()	Html.ValidationMessageFor()	\<ul\>\<li\> 錯誤訊息 \</li\>\</ul\>
Html.DisplayNameFor()	Html.DisplayName()	顯示欄位名稱
Html.DisplayFor()	Html.Display()	顯示欄位的值
Html.DisplayTextFor()	Html.DisplayText()	顯示欄位的值 (轉換成字串)
Html.LabelFor()	Html.Label()	\<label\>\</label\>
Html.TextBoxFor()	Html.TextBox()	\<input type="text" /\>
Html.PasswordFor()	Html.Password()	\<input type="Password" /\>
Html.CheckBoxFor()	Html.CheckBox()	\<input type="checkbox" /\>
Html.RadioButtonFor()	Html.RadioButton()	\<input type="radio" /\>
Html.DropDownListFor()	Html.DropDownList()	\<select\>\</select\>
Html.TextAreaFor()	Html.TextArea()	\<textarea\>\</textarea\>
Html.EditorFor()	Html.Editor()	可自行設定資料的型態 \<input/\>
Html.HiddenFor()	Html.Hidden()	\<input type="hidden" /\>

補充：

強型別是指撰寫程式時，Visual Studio 的工具 (IntelliSense) 會自動幫你檢查欄位，是綁定物件的一種寫法。

弱型別則不會幫你檢查欄位，所以如果撰寫時更改了欄位名稱，程式就會在執行到那一段的時候出現錯誤。

9.2 程式範例

9.2.1 環境準備

程式位置：BasicSample/Models/TestHtmlHelper.cs

Step 01 設定與前端綁定的物件。

```csharp
public class TestHtmlHelper
{
    /// <summary> ValidationMessage
    0 個參考
    public string TestValidationMessage { get; set; } = string.Empty;

    /// <summary> DisplayName
    0 個參考
    public string TestDisplayName { get; set; } = string.Empty;

    /// <summary> Label
    0 個參考
    public string TestLabel { get; set; } = string.Empty;

    /// <summary> TextBox
    0 個參考
    public string TestBox { get; set; } = string.Empty;

    /// <summary> Password
    0 個參考
    public string TestPassword { get; set; } = string.Empty;

    /// <summary> CheckBox
    0 個參考
    public string TestCheckBox { get; set; } = string.Empty;

    /// <summary> RadioButton
    0 個參考
    public string TestRadioButton { get; set; } = string.Empty;

    /// <summary> DropDownList
    0 個參考
    public string TestDropDownList { get; set; } = string.Empty;

    /// <summary> TextArea
    0 個參考
    public string TestTextArea { get; set; } = string.Empty;

    /// <summary> Editor
    0 個參考
    public string TestEditor { get; set; } = string.Empty;

    /// <summary> Hidden
    0 個參考
    public string TestHidden { get; set; } = string.Empty;
}
```

Step 02 前端引用物件。

@model BasicSample.Models.TestHtmlHelper

筆記：如果要使用強行別的方式進行物件綁定在 HtmlHelper 就需要使用 @model 的方法。

9.2.2 Html.BeginForm

程式位置：BasicSample/Views/Razor/HtmlHelper.cshtml

HtmlHelper 寫法：

```
@using (Html.BeginForm("TestHtmlHelper", "Razor", FormMethod.Post))
{
}
```

筆記：如果需要新增、編輯資料就需要使用 BeginForm。

轉換出的 Html 編碼：

```
<!--轉譯結果-->
<form action="/Razor/TestHtmlHelper" method="post">
    <input
    name="__RequestVerificationToken"
    type="hidden"
    value="CfDJ8IfUYPI7AAtCjhTk53MEiI6h3FbRZ2L6YhvT5xL9rGdp"
</form>
```

筆記：

1. BeginForm 會自動轉出 form 的 Html 標籤。
2. 這裡多了一個隱藏的 Input，是系統自動產生用來防止跨網站指令偽造攻擊 (XSRF)。

9.2.3 Html.ValidationMessage

程式位置：BasicSample/Views/Razor/HtmlHelper.cshtml

弱型別：

```
@Html.ValidationSummary("", new { style="color:red;" })
```

強型別：

```
@Html.ValidationMessageFor(x => x.TestValidationMessage)
```

筆記：
1. 要存放在 <form></form> 才會有效果。
2. 用來驗證欄位輸入是否正確。

9.2.4 Html.DisplayNameFor

程式位置：BasicSample/Views/Razor/HtmlHelper.cshtml
弱型別：

```
@Html.DisplayName("TestDisplayName")
```

強型別：

```
@Html.DisplayNameFor(x => x.TestDisplayName)
```

轉換出的 Html 編碼：

```
TestDisplayName
TestDisplayName
```

筆記：會直接輸出成文字字串。

9.2.5 Html.LabelFor

程式位置：BasicSample/Views/Razor/HtmlHelper.cshtml

弱型別：

```
@Html.Label("TestLabel")
```

強型別：

```
@Html.LabelFor(x => x.TestLabel)
```

轉換出的 Html 編碼：

弱型別：

```
<label for="TestLabel">TestLabel</label>
```

強型別：

```
<label for="TestLabel">TestLabel</label>
```

9.2.6 Html.TextBoxFor

程式位置：BasicSample/Views/Razor/HtmlHelper.cshtml

弱型別：

```
@Html.TextBox("TestBox")
```

強型別：

```
@Html.TextBoxFor(x => x.TestBox)
```

轉換出的 Html 編碼：

弱型別：

```
<input data-val="true" data-val-required="The TestBox field is required." id="TestBox" name="TestBox" type="text" value="">
```

強型別：

```
<input id="TestBox" name="TestBox" type="text" value="">
```

9.2.7 Html.PasswordFor

程式位置：BasicSample/Views/Razor/HtmlHelper.cshtml

弱型別：

```
@Html.Password("TestPassword")
```

強型別：

```
@Html.PasswordFor(x => x.TestPassword)
```

轉換出的 Html 編碼：

弱型別：

```
}<input data-val="true"
        data-val-required="The TestPassword field is required."
        id="TestPassword"
        name="TestPassword"
        type="password">
```

強型別：

```
<input id="TestPassword" name="TestPassword" type="password">
```

9.2.8 Html.CheckBoxFor

程式位置：BasicSample/Views/Razor/HtmlHelper.cshtml

弱型別：

```
@Html.CheckBox("TestCheckBox",true)
```

強型別：

```
@Html.CheckBoxFor(x => x.TestCheckBox)
```

轉換出的 Html 編碼：

弱型別：

```
<input data-val="true"
        data-val-required="The TestCheckBox field is required."
        id="TestCheckBox"
        name="TestCheckBox"
        type="checkbox"
        value="true">
```

強型別：

```
<input name="TestCheckBox" type="hidden" value="false">
```

9.2.9 Html.RadioButtonFor

程式位置：BasicSample/Views/Razor/HtmlHelper.cshtml

弱型別：

```
@Html.RadioButton("RadioButton","X")
@Html.RadioButton("RadioButton","Y")
```

強型別：

```
@Html.RadioButtonFor(m => m.TestRadioButton,"X")
@Html.RadioButtonFor(m => m.TestRadioButton,"Y")
```

轉換出的 Html 編碼：

弱型別：

```
<input
    data-val="true"
    data-val-required="The TestRadioButton field is required."
    id="TestRadioButton"
    name="TestRadioButton"
    type="radio"
    value="X">

<input
    data-val="true"
    data-val-required="The TestRadioButton field is required."
    id="TestRadioButton"
    name="TestRadioButton"
    type="radio"
    value="Y">
```

強型別：

```
<input id="RadioButton" name="RadioButton" type="radio" value="X">
<input id="RadioButton" name="RadioButton" type="radio" value="Y">
```

9.2.10 Html.DropDownListFor

程式位置：BasicSample/Views/Razor/HtmlHelper.cshtml

弱型別：

```
@Html.DropDownList("TestDropDownList",new List<SelectListItem>()
{
    new SelectListItem{ Text = "預設",Value =""},
    new SelectListItem{ Text = "測試1",Value ="value1"},
    new SelectListItem{ Text = "測試2",Value ="value2"}
})
```

強型別：

```
@Html.DropDownListFor(m => m.TestDropDownList,new List<SelectListItem>()
{
    new SelectListItem{ Text = "預設",Value =""},
    new SelectListItem{ Text = "測試1",Value ="value1"},
    new SelectListItem{ Text = "測試2",Value ="value2"}
})
```

轉換出的 Html 編碼：

弱型別：

```
<select data-val="true"
data-val-required="The TestDropDownList field is required."
id="TestDropDownList"
name="TestDropDownList">
<option value="">預設</option>
<option value="value1">測試1</option>
<option value="value2">測試2</option>
</select>
```

強型別：

```
<select id="TestDropDownList" name="TestDropDownList">
    <option value="">預設</option>
    <option value="value1">測試1</option>
    <option value="value2">測試2</option>
</select>
```

9.2.11 Html.TextAreaFor

程式位置：BasicSample/Views/Razor/HtmlHelper.cshtml
弱型別：

```
@Html.TextArea("TestTextArea")
```

強型別：

```
@Html.TextAreaFor(m => m.TestTextArea)
```

轉換出的 Html 編碼：
弱型別：

```
<textarea
data-val="true"
data-val-required="The TestTextArea field is required."
id="TestTextArea"
name="TestTextArea"></textarea>
```

強型別：

```
<textarea id="TestTextArea" name="TestTextArea"></textarea>
```

9.2.12 Html.EditorFor

程式位置：BasicSample/Views/Razor/HtmlHelper.cshtml
弱型別：

```
@Html.Editor("TestEditor")
```

強型別：

```
@Html.EditorFor(m => m.TestEditor)
```

轉換出的 Html 編碼：

弱型別：

```
<input class="text-box single-line"
data-val="true"
data-val-required="The TestEditor field is required."
id="TestEditor"
name="TestEditor"
type="text" value="">
```

強型別：

```
<input class="text-box single-line" id="TestEditor" name="TestEditor" type="text" value="">
```

9.2.13 Html.HiddenFor

程式位置：BasicSample/Views/Razor/HtmlHelper.cshtml

弱型別：

```
@Html.Hidden("TestHidden")
```

強型別：

```
@Html.HiddenFor(m => m.TestHidden)
```

轉換出的 Html 編碼：

弱型別：

```
}<input
    data-val="true"
    data-val-required="The TestHidden field is required."
    id="TestHidden"
    name="TestHidden"
    type="hidden"
    value="">
```

強型別：

```
<input id="TestHidden" name="TestHidden" type="hidden" value="">
```

EnditorFor 針對欄位型態的變化：

欄位型態	Html 編譯後 input 標籤類型
public string ColName {get;set;}	<input name="ColName" type="text">
public int ColName {get;set;}	<input name="ColName" type="number">
public decimal ColName {get;set;}	<input name="ColName" type="number">
public float ColName {get;set;}	<input name="ColName" type="number">
public enum ColName {get;set;}	<input name="ColName" type="text">
[DataType(DataType.Password)] public string ColName {get;set;}	<input name="ColName" type="password">
[DataType(DataType.EmailAddress)] public string ColName {get;set;}	<input name="ColName" type="email">
[DataType(DataType.Date)] public string ColName {get;set;}	<input name="ColName" type="date">
[DataType(DataType.DateTime)] public string ColName {get;set;}	<input name="ColName" type="datetime">
[DataType(DataType.Currency)] public string ColName {get;set;}	<input name="ColName" type="text">
[DataType(DataType.MultilineText)] public string ColName {get;set;}	<textarea></textarea>
[DataType(DataType.Url)] public string ColName {get;set;}	<a href="#"></a>

9.2.14 EnditorFor

程式位置：BasicSample/Views/Razor/TestDataTypeHtmlHelper.cshtml

Step 01 設定 DataType 屬性到物件裡面的各個屬性。

```
public class TestDataTypeHtmlHelper
{
    1 個參考
    public string TestString { get; set; } = string.Empty;

    [DataType(DataType.Password)]
    1 個參考
    public string TestPassword { get; set; } = string.Empty;

    [DataType(DataType.EmailAddress)]
    1 個參考
    public string TestEmail { get; set; } = string.Empty;

    [DataType(DataType.Date)]
    1 個參考
    public string TestDate { get; set; } = string.Empty;

    [DataType(DataType.DateTime)]
    1 個參考
    public string TestDateTime { get; set; } = string.Empty;

    [DataType(DataType.Currency)]
    2 個參考
    public int TestCurrency { get; set; }

    [DataType(DataType.MultilineText)]
    1 個參考
    public string TestMultilineText { get; set; } = string.Empty;

    [DataType(DataType.Url)]
    1 個參考
    public string TestUrl { get; set; } = string.Empty;
}
```

Step 02 View 套用 TestDataTypeHtmlHelper 物件。

```
TestDataTypeHtmlHelper.cs    ⊕ ×   TestDataType...elper.cshtml    ⊕ ×
  1      @model TestDataTypeHtmlHelper
  2
  3      <div style="margin-bottom:20px;">
  4          <div>String</div>
  5          @Html.EditorFor(m => m.TestString)
  6      </div>
  7
  8      <div style="margin-bottom:20px;">
  9          <div>Currency</div>
```

Step 03 撰寫前端欄位。

沒有 DataType 屬性的字串欄位：

```
public string TestString { get; set; } = string.Empty;
```

HtmlHelper 程式碼：

```
<div style="margin-bottom:20px;">
    <div>String</div>
    @Html.EditorFor(m => m.TestString)
</div>
```

轉換出的 Html 編碼：

```
<input class="text-box single-line"
       data-val="true"
       data-val-required="The TestString field is required."
       id="TestString"
       name="TestString"
       type="text"
       value="">
```

執行結果：

```
String
test
```

⊠ DataType.Password 屬性

```
[DataType(DataType.Password)]
1 個參考
public string TestPassword { get; set; } = string.Empty;
```

HtmlHelper 程式碼：

```
<div style="margin-bottom:20px;">
    <div>Password</div>
    @Html.EditorFor(m => m.TestPassword)
</div>
```

轉換出的 Html 編碼：

```
<input
    class="text-box single-line password"
    data-val="true"
    data-val-required="The TestPassword field is required."
    id="TestPassword"
    name="TestPassword"
    type="password">
```

執行結果：

Password

```
••••••••|
```

▨ DataType.Currency 屬性

```
[DataType(DataType.Currency)]
2 個參考
public int TestCurrency { get; set; }
```

HtmlHelper 程式碼：

```
<div style="margin-bottom:20px;">
    <div>Currency</div>
    @Html.EditorFor(m => m.TestCurrency)
    @Html.ValidationMessageFor(m => m.TestCurrency,null,new { style="color:red;" })
</div>
```

轉換出的 Html 編碼：

```
<input class="text-box single-line"
       data-val="true"
       data-val-required="The TestCurrency field is required."
       id="TestCurrency"
       name="TestCurrency"
       type="number" value="">
```

執行結果：

```
Currency
4
```

✍ DataType.DateTime 屬性

```
[DataType(DataType.DateTime)]
1 個參考
public string TestDateTime { get; set; } = string.Empty;
```

HtmlHelper 程式碼：

```
<div style="margin-bottom:20px;">
    <div>DateTime</div>
    @Html.EditorFor(m => m.TestDateTime)
</div>
```

轉換出的 Html 編碼：

```
<input
    class="text-box single-line"
    data-val="true"
    data-val-required="The TestDateTime field is required."
    id="TestDateTime"
    name="TestDateTime"
    type="datetime-local"
    value="">
```

執行結果：

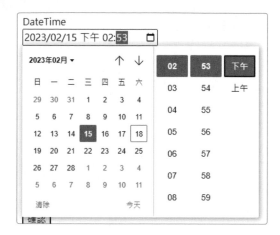

☑ DataType.Date 屬性

```
[DataType(DataType.Date)]
1 個參考
public string TestDate { get; set; } = string.Empty;
```

HtmlHelper 程式碼：

```
<div style="margin-bottom:20px;">
    <div>Date</div>
    @Html.EditorFor(m => m.TestDate)
</div>
```

轉換出的 Html 編碼：

```
<input
    class="text-box single-line"
    data-val="true"
    data-val-required="The TestDate field is required."
    id="TestDate"
    name="TestDate"
    type="date"
    value="">
```

執行結果:

DataType.MultilineText 屬性

```
[DataType(DataType.MultilineText)]
1 個參考
public string TestMultilineText { get; set; } = string.Empty;
```

HtmlHelper 程式碼:

```
<div style="margin-bottom:20px;">
    <div>MultilineText</div>
    @Html.EditorFor(m => m.TestMultilineText)
</div>
```

轉換出的 Html 編碼:

```
<textarea
    class="text-box multi-line"
    data-val="true"
    data-val-required="The TestMultilineText field is required."
    id="TestMultilineText"
    name="TestMultilineText"></textarea>
```

執行結果：

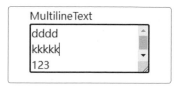

▨ DataType.Url 屬性

```
[DataType(DataType.Url)]
1 個參考
public string TestUrl { get; set; } = string.Empty;
```

HtmlHelper 程式碼：

```
<div style="margin-bottom:20px;">
    <div>Url</div>
    @Html.EditorFor(m => m.TestUrl)
</div>
```

轉換的 Html 編碼：

```
<input
    class="text-box single-line"
    data-val="true"
    data-val-required="The TestUrl field is required."
    id="TestUrl"
    name="TestUrl"
    type="url"
    value="">
```

執行結果：

▨ DataType.EmailAddress屬性

```
[DataType(DataType.EmailAddress)]
1 個參考
public string TestEmail { get; set; } = string.Empty;
```

HtmlHelper 程式碼：

```
<div style="margin-bottom:20px;">
    <div>Email</div>
    @Html.EditorFor(m => m.TestEmail)
</div>
```

轉換出的 Html 編碼：

```
<input class="text-box single-line"
        data-val="true"
        data-val-required="The TestEmail field is required."
        id="TestEmail"
        name="TestEmail"
        type="email"
        value="">
```

執行結果：

9.3 練習題

1. DataType 可以讓 Html Tag 有什麼變化？

2. 如何建立一個表單回傳功能？

TagHelper

TagHelper 讓我們可以把 .Net Core 的屬性寫在 Html 裡面的標籤裡面,來幫助 Html 標籤可以完成綁定物件的值。

https://learn.microsoft.com/en-us/aspnet/core/mvc/views/working-with-forms?view=aspnetcore-7.0#the-select-tag-helper

10.1 什麼是 TagHelper

10.1.1 什麼是標籤裡面的屬性

標籤只得就是 html 標籤,像是 `<head>`、`</head>`、`<input />`,這些都是 html 標籤,標籤的裡面的屬性是指 `<script src="">`,scr 這就是 `<script>` 這個標籤裡面的屬性。

在 .Net Core MVC 裡面,TagHelper(標籤協助程式),可以在 html 裡面加上屬性,像是 `<input asp-for="Name">` 這種形式,接下來整理出常見的屬性。

常見的標籤協助屬性:

TagHelper 屬性	作用	使用時機
asp-for	讓 Html 標籤綁定 C# 物件	`<input>`、`<select>`
asp-controller	綁定 Controller	`<button>`、`<form>`、`<a>`
asp-action	綁定 Action	`<button>`、`<form>`、`<a>`
asp-page	綁定 Page	`<a>`
asp-route-{value}	設定回傳的 Route 參數	`<form>`
asp-append-version	設定引用檔案版本	`<img>`、`<style>`、`<script>`
asp-items	設定綁定多少資料	`<select>`
asp-validation-summary	輸出所有欄位的錯誤訊息	`<div>`
asp-validation-for	輸出欄位錯誤訊息	`<span>`

10.1.2 使用 TagHelper 程式方法

Step 01 在 Views 資料夾的最外層，新增 _ViewImports.cshtml 檔案。

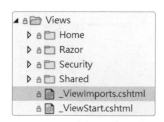

> **筆記**：_ViewImports.cshtml 是系統會判斷的檔案，用來統一引入套件或是物件。

Step 02 使用 addTagHelper *, Microsoft.AspNetCore.Mvc.TagHelpers。

```
_ViewImports.cshtml
1    @using BasicSample
2    @using BasicSample.Models
3    @addTagHelper *, Microsoft.AspNetCore.Mvc.TagHelpers
4
```

> **筆記**：在專案裡引用 TagHelper 相關的功能可以參考以下寫法。
> addTagHelper { 功能類型 }, { 引進什麼套件 }

10.1.3 部分頁面移除 TagHelper

Step 01 以 RemoveTagHelper.cshtml 檔案為例。

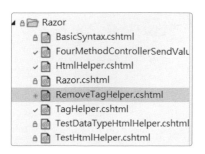

Step 02 removeTagHelper 可以移除 TagHelper 功能。

```
RemoveTagHelper.cshtml  ⇥ ×
     1        @model BasicSample.Models.TestTagHelper
     2        @removeTagHelper *, Microsoft.AspNetCore.Mvc.TagHelpers
     3
     4      □<form asp-controller="" asp-action="" method="post">
     5            <div asp-validation-summary="All"></div>
     6
```

> **筆記**：加下這段之後就會移除這一頁的 taghelper 功能。

10.2　TagHelper 範例

10.2.1　超連結 asp-controller 和 asp-action

程式位置：Views/TagHelper/Index.cshtml

使用 asp-controller 在 <a> 裡面的用法。

```
□<div>
      <a asp-controller="Home">回到首頁</a>
  </div>
```

轉換的 Html 編碼：

```
▼<div>
    <a href="/">回到首頁</a> == $0
  </div>
```

使用 asp-action 在 <a> 裡面的用法。

```
<div>
    <a asp-controller="TagHelper"
       asp-action="UploadFiles">
        跳到下載檔案頁面
    </a>
</div>
```

轉換的 Html 編碼：

```
▼<div>
    <a href="/TagHelper/UploadFiles"> 跳到下載檔案頁面 </a>
</div>
```

10.2.2 asp-route-{value}

設定此屬性到超連結裡面，點擊超連結時可以傳遞參數到目標網站。

參數像是要查詢的資料編號。

前端程式碼：

```
<div>
    <a asp-controller="TagHelper"
       asp-action="TestRouteId"
       asp-route-id="1">
        透過asp-route-id回傳參數
    </a>
</div>
```

後端程式碼：

```
public void TestRouteId(int id)
{
}
```

轉換的 Html 編碼：

```
<div>
  <a href="/TagHelper/TestRouteId/1"> 透過asp-route-id回傳參數 </a>
</div>
```

10.2.3 asp-all-route-data

設定此屬性到超連結裡面，點擊超連結時可以傳遞多欄位資料到目標網站。

前端程式碼：

```
@{
    var parms = new Dictionary<string, string>
        {
            { "name", "Jim" },
            { "age", "18" }
        };
}
<div>
<a asp-controller="TagHelper"
   asp-action="TestRoute"
   asp-all-route-data="parms">
   透過asp-route-data回傳參數
</a>
</div>
```

筆記：需先創建傳遞的資料物件 parms。

後端程式碼：

```
public void TestRoute(string name, string age)
{
}
```

筆記：要傳進到 TestRoute 的參數名稱必須跟前端輸入的名稱相同。

轉換的 Html 編碼：

```
'<div>
  <a href="/TagHelper/TestRoute?name=Jim&age=18"> 透
  傳參數 </a>
</div>
```

10.2.4 環境

Taghelper 也可以判斷我們執行的環境，如果是正式環境就會呈現什麼字串。

```
<!--Environment-->
<div>
    <environment include="Development">
        <strong>Tag Helper的環境屬性</strong>
    </environment>
</div>
```

10.2.5 標籤

Step 01 開啟 TestBasicTaghelper.cs，設定 Display 屬性設定 Label 要呈現的內容。

程式位置：Models/TestBasicTaghelper.cs

```
4 個參考
public class TestBasicTaghelper
{
    [Required]
    [Display(Name = "Car Name")]
    4 個參考
    public string Car { get; set; } = string.Empty;

    0 個參考
    public string Email { get; set; } = string.Empty;
}
```

Step 02 撰寫前端程式碼。

```
<div>
    <h3>Label</h3>
    <label asp-for="@Model.Car"></label>
    <br/>
</div>
```

Step 03 呈現結果,可以看到以下效果。

網址路徑:https://localhost:7213/Taghelper

Label

Car Name

10.2.6 表單

程式位置:Views/TagHelper/Index.cs

程式碼:

```
<div>
    <!--表單-->
    <form asp-controller="TagHelper" asp-action="Index" method="post">
    </form>
</div>
```

> **筆記**:form 是表單的意思,主要功能是回傳前端各種 <input> 的數值,透過 asp-controller 和 asp-action 設定要回傳到後端哪一個工作方法 (Action)。

轉換的 Html 編碼:

```
<div>
  <!--表單-->
  <form method="post" action="/TagHelper">
    <input name="__RequestVerificationToken" type="hidden" value="CfDJ8Ih8KRspizNBglYnJULgN1dRdkPwzDqkXK
    73E0DCj_IEnQ8K-B7r37CWrUHrDJepm4ymVoj8U7wtlAMyuCCk3RGu0yS_tpH_xgxDv41E7NMpLByHBrmoZTb26FMDTsaAU">
  </form>
</div>
```

10.2.7 輸入 (Input TagHelper)

1. Input 的類型會根據 .Net 物件裡面屬性設定的類型會有不同的變化

.Net 類型	Input 屬性類型
Bool	type="checkbox"
String	type="text"
DateTime	type="datetime-local"
Byte	type="number"
Int	type="number"
Single	type="number"
Double	type="number"

2. 物件裡面屬性設定的屬性資料類型 (DataType) 也能設定 Input 輸出的類型

屬性	Input 屬性類型
[EmailAddress]	type="email"
[Url]	type="url"
[HiddenInput]	type="hidden"
[Phone]	type="tel"
[DataType(DataType.Password)]	type="password"
[DataType(DataType.Date)]	type="date"
[DataType(DataType.Time)]	type="time"

程式範例，Email、Password 為例：

程式位置：Views/TagHelper/Index.cs

```
<div>
    <label asp-for="@Model.Email"></label>
    <input asp-for="@Model.Email" /> <br />
    <label asp-for="@Model.Password"></label>
    <input asp-for="@Model.Password" /> <br />
</div>
```

轉換的 Html 編碼：

```
<div>
  <label for="Email">Email</label>
  <input type="email" class="input-valida
  ress." data-val-required="The Email fie
  <br>
  <label for="Password">Password</label>
  <input type="password" data-val="true"
  <br>
</div>
```

10.2.8 Partial

Partial 是部分檢視，第五章部分檢視的章節會特別講解，這邊是淺談 Partial 的運用也被歸列在 TagHelper 裡面。

程式位置：Views/View/TestPartial.cshtml

```
<partial name="_TestPartial" />
```

筆記：

1. 可以透過 <partial> 標籤把其他的檢視檔案內容鑲嵌在這一頁裡。
2. name 是要遷入的檢視檔案的名稱。

10.2.9 Select

程式位置：Views/TagHelper/Index.cs

程式碼：

Step 01 設定下拉選項名稱以及值。

```
@{
    var carSelect = new List<SelectListItem>
    {
        new SelectListItem { Value = "A", Text = "Car1" },
        new SelectListItem { Value = "B", Text = "Car2" },
        new SelectListItem { Value = "C", Text = "Car3" },
    };
}
```

Step 02 select 標籤使用 asp-items 屬性綁定下拉選單的物件資料，包刮下拉選單顯示名稱以及值。

```
<div>
    <form asp-controller="TagHelper" asp-action="Index" method="post">
        <select asp-for="@Model.Car" asp-items="carSelect"></select>
        <br /><button type="submit">Register</button>
    </form>
</div>
```

轉換的 Html 編碼：

```
<select class="input-validation-error" data-val="true"
"Car">
  <option value="A">Car1</option>  slot
  <option value="B">Car2</option>  slot
  <option value="C">Car3</option>  slot
</select>
```

10.3 TagHelper 檔案上傳功能

Step 01 新增 UploadFiles 方法。

程式位置：Controllers/TagHelper.cs

方法：UploadFiles()

```csharp
public IActionResult UploadFiles()
{
    return View();
}
```

Step 02 創建 UploadData 物件用來綁定上傳欄位。

程式位置：Models/UploadData.cs

```csharp
namespace BasicSample.Models
{
    4 個參考
    public class UploadData
    {
        3 個參考
        public IFormFile File { get; set; } = default!;
    }
}
```

Step 03 新增 View 畫面檔。

```
UploadFiles.cshtml      TagHelperController.cs        Index.cshtml
 1    @model UploadData
 2
 3
 4    <form enctype="multipart/form-data" method="post">
 5        <dl>
 6            <j3>上傳檔案</j3>
 7            <dd>
 8                <input asp-for="@Model.File" type="file">
 9            </dd>
10        </dl>
11        <input asp-controller="TagHelper" asp-action="UploadFiles"  type="submit" />
12    </form>
```

Step 04 後端撰寫接收檔案的動作方法 Action。

程式位置：Controllers/TagHelper.cs

方法：UploadFiles(UpdateData model)

```
[HttpPost]
0 個參考
public async Task<IActionResult> UploadFiles(UploadData model)
{
    if (model.File is not null)
    {
        var file = model.File;
        string uploadFilePath = $"{Directory.GetCurrentDirectory()}/wwwroot/{file.FileName}";

        using var stream = System.IO.File.Create(uploadFilePath);
        await file.CopyToAsync(stream);
    }
    return View("UploadFiles");
}
```

筆記：

1. 上傳的檔案是 IFormFile 資料型別，可以取得檔案名稱。
2. uploadFilePath 設定要上傳到哪個路徑底下。
3. 使用 System.IO.File.Create 的方法，創建目的位置資料流 (Stream)，只是目前資料流裡面還沒有資料。
4. CopyToAsync 非同步的方法，上傳檔案會把檔案內容複製到 Stream 裡面，讓資料流裡面有檔案資料。
5. 流程結束後會在目地看到上傳的檔案。

10.4 練習題

1. 如何建立一個表單回傳功能？

2. 實現上傳檔案功能？

3. IFormFile 型別用在哪？

登入功能 -
Authorization

登入系統是一個必備的功能，裡面蘊含的觀念非常的多，
技術上會運用到 Cookie、Session、Base64 編碼、簽章驗證
等等，有個初步的概念是很重要的，往後看到其他類型的登
入功能的設計時才有辦法舉一反三。

這章節主要介紹流程，實作部份可以跳到
製作自己 Blog 的章節，裡面有教學實作簡易
的登入功能。

11.1 登入系統邏輯

11.1.1 登入流程

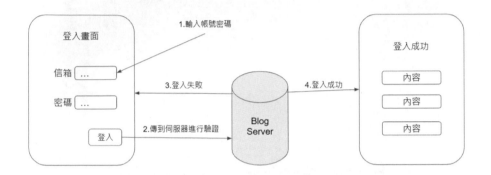

1. 輸入帳號密碼。
2. 按下登入按鈕後,會將資料傳到伺服器做驗證。
3. 在伺服器裡面,會先跟資料庫進行資料的確認,如果資料有誤,會回傳登入錯誤的資訊到登入畫面。
4. 如果驗證資料正確,我們就可以觀看到需要會員登入才可以看到的內容。

11.1.2 註冊流程

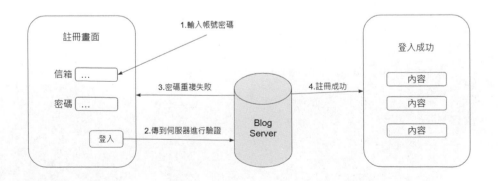

1. 輸入帳號密碼。
2. 按下登入按鈕後，會將資料傳到伺服器做驗證。
3. 驗證有沒有重複註冊，如果有會拋回錯誤到註冊畫面。
4. 如果沒有人註冊過，那就可以新註冊這個使用者，同時幫他登入，讓使用者註冊成功後就可以看到的內容。

11.1.3 Cookie 和 SessionId 在登入系統裡面扮演的腳色

如果登入和註冊的範例大家都熟悉了，我們這邊來介紹如果是以程式的技術要怎麼做到登入註冊的功能。

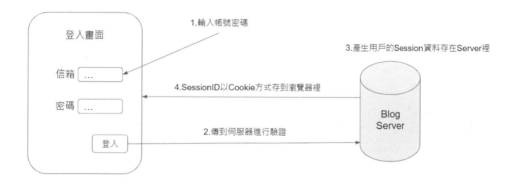

1. 輸入帳號密碼。
2. 按下登入按鈕後，會將資料傳到伺服器做驗證。
3. 伺服器會驗證登入資訊，如果正確的話會在系統中產生 Session 資料，裡面會記錄用戶的一些比較不隱私的個人資料，像是 Email 或是 UserId 之類的。
4. 相對應會傳一個 SessionId 以 Cookie 的方式存到客戶端，當要查詢有沒有登入狀態時，會透過這個 SessionId 根伺服器做查詢，如過驗證正確 SessionId 也未過期的話就代表是有權限。

11.2 JWT (Json website Token)

JWT 是常見的登入系統的設計，這邊沒有程式範例，但一樣先介紹給大家認識。

有許多網站的驗證機制是利用 Cookie 和 Session 進行設計，這代表說每一個用戶就需要存一個 SessionId 在伺服器內，如果用戶數很多的時候就會造成伺服器的負擔，因此後來發展了 JWT 這個方法，簡單來說就是把用戶資料直接存在用戶端，伺服器端只負責驗證存在用戶端的資料是否正確。

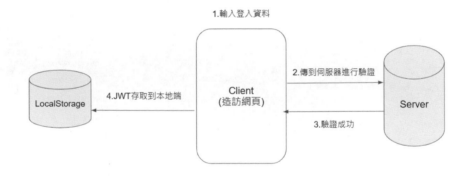

1. 用戶輸入登入資料。
2. 傳到伺服器端。
3. 驗證成功驗證後產生 JWT(這章節主要介紹 JWT 是什麼)。
4. 傳遞到客戶端後，通常會存入本地的 LocalStorage。

11.2.1 JWT 淺談

Json Web Token(JWT) 用來進行身分驗證的一組字串，這組字串是由 Base64 編碼而成，可以反解 Base64 編碼，會得到 Json 格式的資料內容，裡面就有用戶的資料、簽章規則、密鑰簽章三種資訊，伺服器會驗證這些資料來給予使用者適當的權限。

11.2.2 JWT 組成

JWT 由三個資料組成分別是 header、payload、signature 透過「.」把這三個資料進行區分。

1. header

   明碼：

```
{
"alg":"HS256",
"typ":"JWT"
}
```

   base64 編碼：

```
ewoiYWxnIjoiSFMyNTYiLAoidHlwIjoiSldUIgp9
```

2. payload

   明碼：

```
{
   "id": "a123456789",
    "name": "Jim",
    "exp": 1672914975
}
```

   base64 編碼：

```
ewogIAkiaWQiOiAiYTEyMzQ1Njc4OSIsIAogCSAibmFtZSI6ICJKaW0iLAogCSAiZXhwIjogMTY3M
jkxNDk3NQp9Cg==
```

3. signature 簽章

   不同程式有不同的做法，但都會需要密鑰、header、payload 這三種資料來做成簽章。

11.2.3 產生 JWT 流程

Step 01 取得 header 資料，進行 base64 編碼。

Step 02 取得 payload 資料，進行 base64 編碼。

Step 03 base64 編碼完的 payload + base64 編碼完的 header + 密鑰（自己設定的密鑰）+ token 過期時間產生 signature。

Step 04 base64 編碼過的 header 和 payload 以及 signature 組成 JWT Token。

11.3　練習題

1. 描述常見的登入流程？

2. 描述常見的註冊流程？

3. JWT 是為了解決什麼問題？

多語系開發

12.1 什麼是多語系

當我們進到某些官方網頁時，可以在右上角或是功能列表調整文字版面的語系，像是呈現英文或是中文等等，或是當我們輸入表單出現錯誤時也該依照當國的語言回覆錯誤訊息，所以多語系是一個很重要常見的功能。

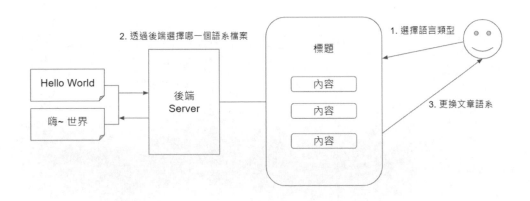

1. 當使用者進入網頁後，會調整自己習慣的語言。
2. 這時會帶入一個 culture 的參數在 Url 上傳回後端 Server。
3. 後端 Server 會依照 culture 給的參數選擇要哪一國的語系檔。
4. 輸出語系檔內容。

12.2 程式範例

在 ASP.NET Core 裡面多語系的開發有兩種方式一種是資源檔 (Resx) 的方式，另外一種是可攜帶物件 (PO) 來做多語系的開發。

Step 01 NuGet 安裝套件，OrchardCore.Localization.Core。

Step 02 新增 Localization 資料夾。

Step 03 新增多語系 PO 檔案。

Step 04 設定 PO 語系檔內容。

en.po

```
en.po  ⊞ ×
1    msgid "Hello world!"
2    msgstr "Hello world !"
3
4    msgid "building"
5    msgstr "Taipei 101"
6
7    msgid "Describe"
8    msgstr "101 is the landmark in Taipei"
```

jp.po

```
×  jp.po

1    msgid "Hello world!"
2    msgstr "こんにちは、世界よ ！！"
3
4    msgid "building"
5    msgstr "台北 101"
6
7    msgid "Describe"
8    msgstr "101は台北のランドマークです"
```

zh.po

```
zh.po  ⊞ ×
1    msgid "Hello world!"
2    msgstr "嗨 世界 !!"
3
4    msgid "building"
5    msgstr "台北 101"
6
7    msgid "Describe"
8    msgstr "101是台北的地標"
```

筆記：

1. msgid 會對應到 Localizer 裡面的設定 (如下圖)，msgid 被對應到之後會秀出 msgstr 的內容。

2. 如果沒有對應到 PO 語系檔裡面的 msgid，那就會直接顯示 Localizer ["NoMatchmsgId"] 裡面的內容。

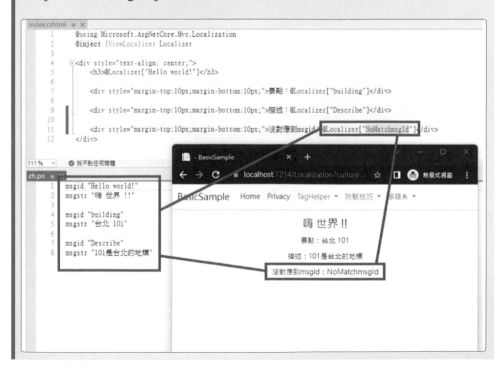

Step 05 應用程式服務設定讀取語系檔路徑。

```
// 多語系
builder.Services.AddPortableObjectLocalization(options => options.ResourcesPath = "Localization");
```

> **筆記**：因為我們把語系 PO 檔放在 Localization 資料夾裡面，所需要先說
> 明語系檔放在哪一個資料夾裡面，如果放在最外從層那就不需要這個設
> 定。

Step 06 MVC 架構註冊應用程式服務之後再註冊多語系功能。

```
builder.Services
    .AddControllersWithViews()
    // 多語系註冊服務
    .AddViewLocalization();
```

> **筆記**：這樣的寫是當我們在 MVC 的架構下要可以使用多語系功能，就必
> 須告訴系統說 MVC 這個功能的裡面要啟用多語系功能。

Step 07 啟用多語系的 Middleware。

```
// 多語系Middleware
app.UseRequestLocalization();
```

Step 08 新增 Controller。

```
🔒📁 Controllers
  ▷ 🔒 C# HomeController.cs
  ▷ 🔒 C# LocalizationController.cs
  ▷ 🔒 C# RazorController.cs
  ▷ 🔒 C# SecurityController.cs
```

Step 09 新增 View。

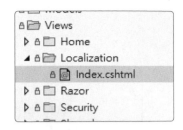

Step 10 相依性注入 (DI) 多語系功能。

```
Index.cshtml ⊓ ×
    1    @using Microsoft.AspNetCore.Mvc.Localization
    2    @inject IViewLocalizer Localizer
```

Step 11 使用多語系功能。

```
<div style="text-align: center;">
    <h3>@Localizer["Hello world!"]</h3>

    <div style="margin-top:10px;margin-bottom:10px;">景點：@Localizer["building"]</div>

    <div style="margin-top:10px;margin-bottom:10px;">描述：@Localizer["Describe"]</div>
</div>
```

筆記：相依性注入後使用多語系功能，需要注意裡面的 Key 職需要跟 PO 檔裡面的 msgid 相同，如果對應不到則無法使用多語系功能。

12.3 成果展示

Step 01 點開多語系功能。

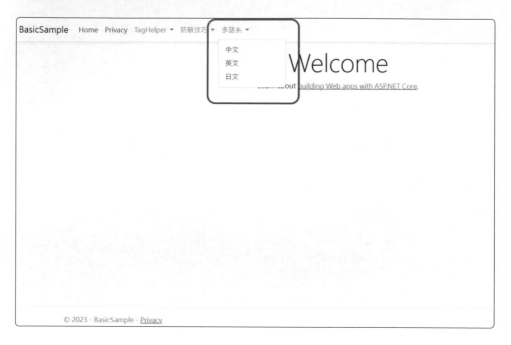

Step 02 選擇英文。

注意網址多加了 culture=en 的參數,可以讓系統選擇呈現語系。

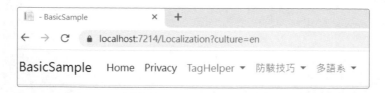

輸出英文。

Step 03 選擇日文。

注意網址多加了 culture=jp 的參數,可以讓系統選擇呈現語系。

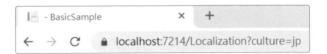

輸出日文。

Step 04 選擇中文。

注意網址多加了 culture=zh 的參數，可以讓系統選擇呈現語系。

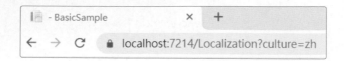

輸出中文。

12.4 練習題

1. 可攜帶物件檔 (PO 檔案) 有什麼用途？

2. 如何在 Program.cs 裡面起用多語系功能？

CHAPTER

13

單元測試

13.1　什麼是單元測試

單元測試是一種測試軟體的方法，他是一種最小單位的測試，測試最小的程式模組與邏輯，目的是確保撰寫的程式，例如函數、方法、類別等等的正確性。常用 Arrange、Act、Assert 這個模式來規劃測試的程式，從設定測試環境、變數，執行測試、驗證測試結果這幾個行為都包含在裡面。

這模式包含以下三個步驟：

1. Arrange：在這個步驟中，需寫好測試前置條件，包括輸入參數、模擬外部依賴等等。目的是建立一個測試環境，以便我們可以在這個環境中執行測試。
2. Act：在這個步驟中，主要撰寫你要測試的函式，通常只會有一個函式要測試。
3. Assert：在這個步驟中，主要驗證在 Act 測試的函式結果，結果可能是空值、非 NULL 或是不會出現 Exception。

13.2　單元測試的好處

■ 提高程式質量：
單元測試可以提早發現程式錯誤，並在開發時進行修正，讓錯誤率降低以提升程式碼品質、質量。

■ 方便重構：
代碼多少會有可以優化的地方或是增加程式可讀性進而整理重寫程式碼，這行為叫做重構，重構的過程中單元測試可以及時發現有沒有修改錯誤的地方，避免重構錯誤。

■ 減少維護成本：
在偵錯時，如果可以明確知道出錯的原因便可以減少處理的時間，在單元測試裡，我們可以輸入各種資料進行驗證，也可以知道是哪一個方法發生錯誤。

■ 提高開發效率：
在開發新功能時很常會從舊功能改動，如果不小心把原有的功能輸出改錯了也不容易發現，但可以透過執行單元測試來確認是否有誤。

13.3 MS Test

ASP.NET Core 裡面的 Unit Test專案很多，有 NUnit Test、XUnit Test、MS Test，範例以 MS Test 為範例。

13.3.1 什麼是 MS Test

MsTest 是 ASP.NET Core裡面其中一個測試框架之一，常見會有用以下三個屬性來設計測試，分別是 TestClass、TestMethod、DataRow。

■ [TestClass]
說明這是一個測試的類別，如果沒有這個屬性設定了 TestMethod 也沒有效果。

■ [TestMethod]
說明這是一個要測試的方法。

- [DataRow("AA","BB")]

  當我們要同時測試多筆不一樣的輸入時，需要用到此方法。

```
[TestMethod]
[DataRow("Jimm", "JimJim")]
[DataRow("AA", "JimJim")]
◑|0 個參考
```

可以像這樣使用多個 DataRow 來測試不同資料。

13.3.2 MSTest 測試非資料庫查詢功能

🔲 新增測試專案

`Step 01` 點擊解決方案。

`Step 02` 右鍵→加入→新增專案。

Step 03 選擇 MSTest 測試專案。

Step 04 設定新增專案。

設定新的專案

MSTest 測試專案　C#　Linux　macOS　Windows　測試

專案名稱(J)

TestBasicSample

位置(L)

C:\JimDream\3.開發中\BookSample\BasicSample

檔案名稱：

通常會以 Test 為開頭，範例是測試 BasicSample，所以取名為
TestBasicSample。

位置：

會跟原本 ASP.NET Core 專案放在一起 (用預設的就可以了)。

Step 05 選擇 SDK 架構→建立。

Step 06 建立結果。

Step 07 新增 Test_Car.cs、Test_User.cs 測試檔案。

```
🗐 BasicSampleMSTest
 ▷   🔗 相依性
 ▷   C# Test_Car.cs
 ▷   C# Test_User.cs
       C# Usings.cs
```

筆記：

Test_Car.cs、Test_User.cs：撰寫測式的檔案。

Usings.cs：引用測試套件給全部檔案用的設定檔，避免多個檔案重複撰寫同一個引用方法。

```
Usings.cs ⊣ ×
BasicSampleMSTest
    1        global using Microsoft.VisualStudio.TestTools.UnitTesting;
```

Step 08 打開 Test_Car.cs 撰寫測試程式。

```
Test_Car.cs ⊣ ×
BasicSampleMSTest                                    ⟨ BasicSampleMSTest.T
    1        using BasicSample.Application;
    2
    3      namespace BasicSampleMSTest
    4      {
    5          [TestClass]
             0 個參考
    6          public class Test_Car
    7          {
    8              [TestMethod]
                 0 個參考
    9              public void Test_FillingUp()
    10             {
    11                 // Arrange
    12                 var car = new CarService();
    13
    14                 // Act
    15                 string result = car.FillingUp();
    16
    17                 // Assert
    18                 Assert.IsNotNull(result, "1 should not be null.");
    19             }
    20         }
    21     }
```

範例程式可以看到：

1. [TestClass]：說明這是一個需要測試的物件。
2. [TestMethod]：此方法需要進行測試，有被這個屬性修飾的方法都會進行測試。
3. 因為要測試 FillingUp() 這一個方法，所以需要先準備 CarService 這一個物件，Arrange 步驟就會是 new CarService()。

4. Act 執行要測試 FillingUp() 的這一個方法,透過 car 物件執行測試
   這一個方法。

5. 最後把結果傳到 result 裡面,最後一個步驟就是 Assert 判斷結果
   有沒有是 Null,如果是 Null 就會出現錯誤。

Step 09 執行偵錯,打開檢視→點選 Test Explorer。

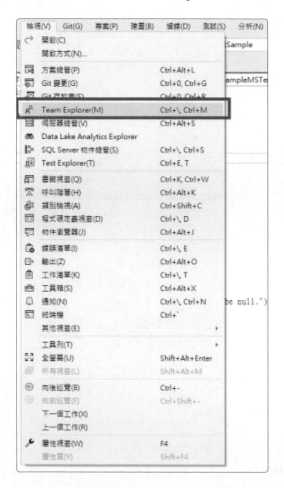

Step 10 以下是 Test Explorer，會看到裡面有所有的測試以及結果。

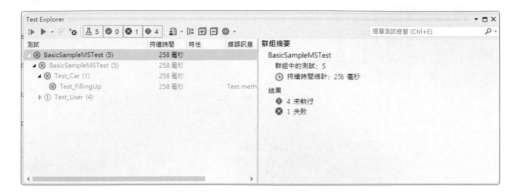

❑ 測試方法一：

Step 11 執行測試，點選 Test Explorer 裡面的 Test_Car()。

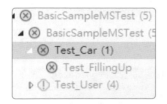

Step 12 右鍵→執行。

□ 測試方法二：

Step 13 直接點選方法→右鍵→執行測試。

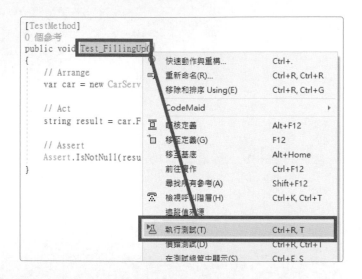

Step 14 測試結果。

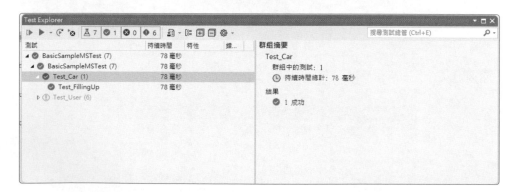

13.3.3 MSTest 測試讀取資料庫函式功能

測試有關資料庫查詢的功能的時候，我們不會實際連結資料庫裡面的資料，會仿造資料庫裡面的資料進行測試。我們會以 UserService 為範例並測試 User 這一張表的新增、刪除、查詢、修改功能。

❏ 安裝套件

我們會利用此套件模擬跟資料庫存取資料的情境。

搜尋關鍵字，Moq.EntityFrameworkCore。

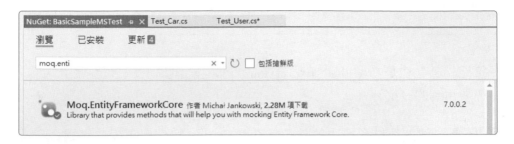

❏ 測試查詢資料庫資料

程式位置：BasicSample/BasicSampleMSTest/Test_User.cs

Step 01 新增 Test_Select() 方法，並用 [TestMethod] 進行修飾。

```
[TestMethod]
● |0 個參考
public void Test_Select()
{
}
```

Step 02 新增 User 測試資料。

```
[TestMethod]
● |0 個參考
public void Test_Select()
{
    // Arrange
    var data = new List<User>
    {
        new User { Name = "AAA" },
        new User { Name = "BBB" },
        new User { Name = "ZZZ" },
    }.AsQueryable();
```

Step 03 模擬一個 User 的 DbSet。

```
var mockSet = new Mock<DbSet<User>>();
mockSet.As<IQueryable<User>>().Setup(m => m.Provider).Returns(data.Provider);
mockSet.As<IQueryable<User>>().Setup(m => m.Expression).Returns(data.Expression);
mockSet.As<IQueryable<User>>().Setup(m => m.ElementType).Returns(data.ElementType);
mockSet.As<IQueryable<User>>().Setup(m => m.GetEnumerator()).Returns(data.GetEnumerator());
```

筆記：其他像是 Provider、Expression，可以當作在模擬跟資料庫溝通時
需要用到的設定。

Step 04 先建造連結資料庫的一些參數檔 Option 物件，再模擬出跟資料庫
溝通的物件。

```
var optionsBuilder = new DbContextOptionsBuilder<ApplicationDbContext>();
var mockContext = new Mock<ApplicationDbContext>(optionsBuilder.Options);
```

筆記：實際上再連結資料庫的時候，會用到連線參數資訊，而這資訊會
透過 option 參數的方式傳入到 ApplicationDbContext 裡面，所以這邊也
要把連線參數物件傳入。

Step 05 測試查詢 User 資料。

```
// Act
var blogs = service.GetUserList();
```

Step 06 驗證開頭模擬的資料，能不能透過 GetUserList() 取出，並且驗證
筆數及數值是否正確有沒有錯誤。

```
// Assert
Assert.AreEqual(3, blogs.Count);
Assert.AreEqual("AAA", blogs[0].Name);
Assert.AreEqual("BBB", blogs[1].Name);
Assert.AreEqual("ZZZ", blogs[2].Name);
```

Step 07 執行測試。

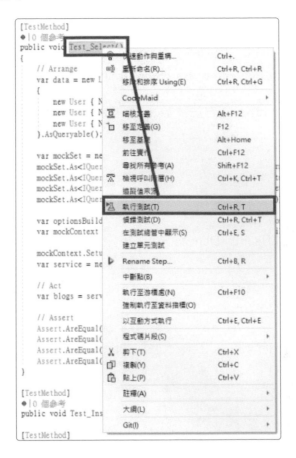

Step 08 測試結果。

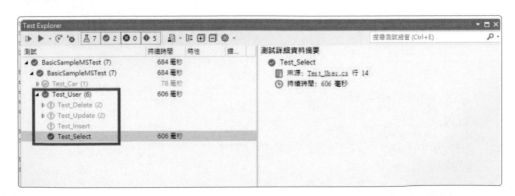

> **筆記**：可以看到我們可以針對一個方法進行測試。

❑ 測試新增資料

程式位置：BasicSample/BasicSampleMSTest/Test_User.cs

Step 01 新增 Test_Insert() 方法，並用 [TestMethod] 進行修飾。

```
[TestMethod]
● | 0 個參考
public void Test_Insert()
{
}
```

Step 02 模擬一個 User 的 DbSet。

```
public void Test_Insert()
{
    var mockSet = new Mock<DbSet<User>>();
```

Step 03 模擬串接資料庫的環境，建立 option 物件傳入模擬的 Application DbContext。

```
var optionsBuilder = new DbContextOptionsBuilder<ApplicationDbContext>();
var mockContext = new Mock<ApplicationDbContext>(optionsBuilder.Options);
```

Step 04 模擬的資料庫物件 mockContext 設定 (Setup) 一個模擬的 User 的 DbSet 稱作 mockSet。

```
mockContext.Setup(m => m.Users).Returns(mockSet.Object);
```

> **筆記**：DbSet：承載這一張表裡面內容的物件。DbSet<User> 就是 User 的 DbSet。
> DbSet<User> Users {get;set;}，這一個 Users 裡面就裝 User 這一張資料表裡面的資料。

Step 05 建立要測試的 UserService 物件。

```
var service = new UserService(mockContext.Object);
```

Step 06 撰寫測試,我們要新增一個人叫做 Jim。

```
service.CreateUser("Jim");
```

Step 07 撰寫驗證。

```
mockSet.Verify(m => m.Add(It.IsAny<User>()), Times.Once());
mockContext.Verify(m => m.SaveChanges(), Times.Once());
```

筆記:因為測試新增資料,所以我們測試是不是有新增任何東西。

Step 08 執行測試,選起 Test_Insert() →右鍵→ 執行測試。

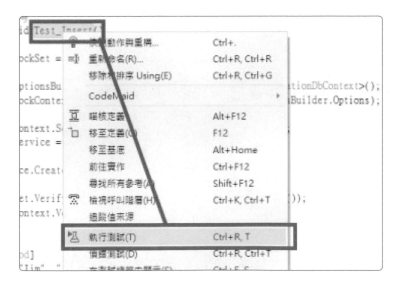

Step 09 檢視測試結果。

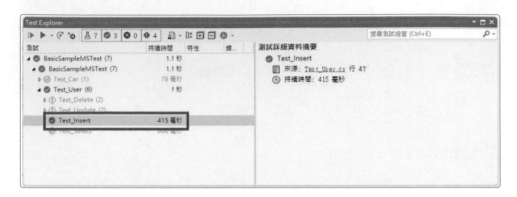

❑ 測試修改資料

程式位置：BasicSample/BasicSampleMSTest/Test_User.cs

Step 01 新增 Test_Update() 方法，並用 [TestMethod] 進行修飾。

```
public void Test_Update(string from, string to)
{
}
```

Step 02 模擬資料庫儲存的資料，等等要編輯的資料。

```
var data = new List<User>
    {
        new User { Name = "Jim" },
        new User { Name = "AA" },
    }
    .AsQueryable();
```

筆記：新增測試資料，這些是指可以修改的資料，如果輸入不存在可以修改的資料預期會收到錯誤。

Step 03 模擬讀取資料庫資料的 DbSet 以及模擬相關設定。

```
var mockSet = new Mock<DbSet<User>>();
mockSet.As<IQueryable<User>>().Setup(m => m.Provider).Returns(data.Provider);
mockSet.As<IQueryable<User>>().Setup(m => m.Expression).Returns(data.Expression);
mockSet.As<IQueryable<User>>().Setup(m => m.ElementType).Returns(data.ElementType);
mockSet.As<IQueryable<User>>().Setup(m => m.GetEnumerator()).Returns(data.GetEnumerator());
```

Step 04 模擬串接資料庫的環境，建立 option 物件傳入模擬的 Application
DbContext。

```
var optionsBuilder = new DbContextOptionsBuilder<ApplicationDbContext>();
var mockContext = new Mock<ApplicationDbContext>(optionsBuilder.Options);
```

Step 05 模擬 ApplicationDbContext 物件並新增 UserService();。

```
mockContext.Setup(m => m.Users).Returns(mockSet.Object);
var service = new UserService(mockContext.Object);
```

Step 06 測試編輯資料。

```
service.UpdateUser(from, to);
```

筆記：from 是指要編輯的資料，to 是只要編輯後的資料結果。

Step 07 驗證是否有資料都被更新。

```
mockSet.Verify(m => m.Update(It.IsAny<User>()), Times.Once());
mockContext.Verify(m => m.SaveChanges(), Times.Once());
```

Step 08 使用 [DataRow] 的屬性，同時測試多筆資料。

```
[TestMethod]
[DataRow("Jimm", "JimJim")]
[DataRow("AA", "JimJim")]
0 個參考
public void Test_Update(string
r
```

> **筆記：**我們故意把輸入錯誤的資料進行測試，「Jimm」這筆資料是錯誤的，當用這筆資料測試時會出錯。

Step 09 執行測試。

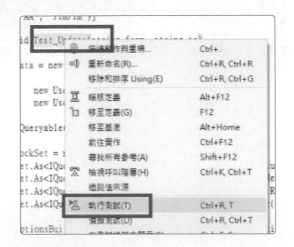

Step 10 測試結果，並看到「Jimm」這筆資料是錯誤的。

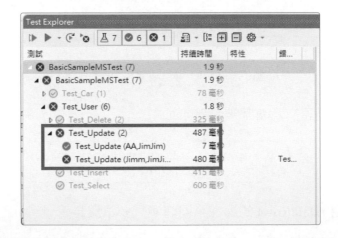

❑ **測試刪除資料**

程式位置：BasicSample/BasicSampleMSTest/Test_User.cs

Step 01 新 Test_Delete() 方法，並用 [TestMethod] 進行修飾。

```
public void Test_Delete(string name)
{
}
```

Step 02 模擬要刪除的資料。

```
var data = new List
    {
        new User { Name = "Jim" },
        new User { Name = "AA" },
    }
.AsQueryable();
```

Step 03 模擬讀取資料庫資料的 DbSet 以及模擬相關設定。

```
var mockSet = new Mock<DbSet<User>>();
mockSet.As<IQueryable<User>>().Setup(m => m.Provider).Returns(data.Provider);
mockSet.As<IQueryable<User>>().Setup(m => m.Expression).Returns(data.Expression);
mockSet.As<IQueryable<User>>().Setup(m => m.ElementType).Returns(data.ElementType);
mockSet.As<IQueryable<User>>().Setup(m => m.GetEnumerator()).Returns(data.GetEnumerator());
```

Step 04 模擬串接資料庫的環境，建立 option 物件傳入模擬的 Application DbContext。

```
var optionsBuilder = new DbContextOptionsBuilder<ApplicationDbContext>();
var mockContext = new Mock<ApplicationDbContext>(optionsBuilder.Options);
```

Step 05 模擬 ApplicationDbContext 物件並新增 UserService();。

```
mockContext.Setup(m => m.Users).Returns(mockSet.Object);
var service = new UserService(mockContext.Object);
```

Step 06 測試刪除資料功能。

```
service.DeleteUser(name);
```

Step 07 驗證刪除功能是否正常。

```
mockSet.Verify(m => m.Remove(It.IsAny
mockContext.Verify(m => m.SaveChanges(), Times.Once());
```

Step 08 輸入多筆測試。

```
[TestMethod]
[DataRow("Jim")]
[DataRow("AA")]
◉|0 個參考
public void Test_Delete(string name)
{
```

Step 09 執行測試。

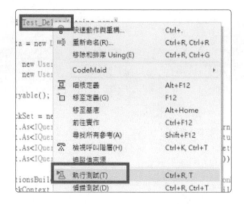

Step 10 測試結果。

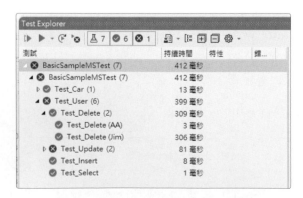

13.4 練習題

1. 單元測試有哪些步驟？

2. 單元測試的好處有哪些？

防駭技巧

網頁的應用層面非常的廣，像是一般銀行保險系統、學校登入系統、電商平台等等，許許多多的功能都會由網頁服務來撰寫，網頁服務暴露在網際網路中每個人都連結得到可以使用，豪無暢阻的代價下就是會有有心人士想要偷取或是攻擊，所以有基本網頁防駭基本認知是必要的，這一章主要是討論 Asp.net Core 常見的防駭技巧，包括資料輸入的驗證要防範、跨網域的請求要阻擋等等。

14.1 FluentValidation 欄位輸入驗證

　　驗證使用者輸入是最初步的防範技巧，避免傳入不相關有問題的資料，這邊介紹常用的驗證套件 FluentValidation。

❑ 程式範例：

Step 01 安裝套件 FluentValidation、luentValidation.AspNetCore。

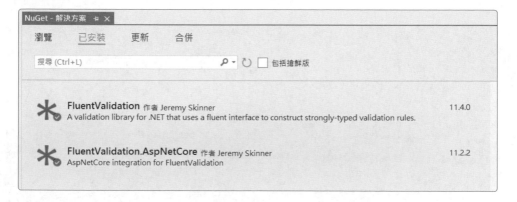

Step 02 Program.cs 註冊 FluentValidation。

```
builder.Services.AddFluentValidation(options =>
{
    options.ImplicitlyValidateChildProperties = true;
    options.ImplicitlyValidateRootCollectionElements = true;
    options.RegisterValidatorsFromAssembly(Assembly.GetExecutingAssembly());
});
```

Step 03 CreateOrder 為範例，設定 FluentValidation。

```
public class CeateOrderValidator : AbstractValidator<CreateOrder>
{
    0 個參考
    public CeateOrderValidator()
    {
        RuleFor(x => x.OrderName)
            .Length(2, 20)
            .NotEmpty();

        RuleFor(x => x.BirthDay)
            .NotEmpty();

        RuleFor(x => x.Amount)
            .LessThan(15)
            .NotEmpty();

        When(x => !string.IsNullOrEmpty(x.Remark), () =>
        {
            RuleFor(x => x.Remark)
            .MinimumLength(5)
            .WithMessage("客製化錯誤訊息")
            .NotEmpty();
        });

        When(x => x.Delete, () =>
        {
            RuleFor(x => x.Email).NotEmpty();
        });
    }
}
```

說明：

```
RuleFor(x => x.OrderName)
    .Length(2, 20)
    .NotEmpty();
```

筆記：Length() 設定長度，最少 2 字元最長限制 20。

```
RuleFor(x => x.BirthDay)
    .NotEmpty();
```

> **筆記**：NoEmpty()：非空。

```
RuleFor(x => x.Amount)
    .LessThan(15)
    .NotEmpty();
```

> **筆記**：數字不能超過 15。

```
When(x => !string.IsNullOrEmpty(x.Remark), () =>
{
    RuleFor(x => x.Remark)
    .MinimumLength(5)
    .WithMessage("客製化錯誤訊息")
    .NotEmpty();
});
```

> **筆記**：當 Remark 不為空值時，會檢測字串長度，如果小於長度 5 那就會
> 回傳客製化錯誤訊息。

```
When(x => x.Delete, () =>
{
    RuleFor(x => x.Email).NotEmpty();
});
```

> **筆記**：當 Delete 選項被選擇時，Email 不能為空。

14.1.1 常見 FluentValidation

方法名稱	解釋
NotEmpty()	不得為空
Length()	限制字串輸入長度
LessThan(5)	數字不能超過 5

方法名稱	解釋
GreaterThan(5)	數字要超過 5
MinimumLength(5)	最小長度一定大於等於 5
WithMessage(" 客製化訊息 ")	可以客製化錯誤訊息
When()	條件判斷式，是否檢測輸入欄位

14.2 SQL Injection

SQL 程式語言是資料庫的程式語言，可用於很多不同的資料庫伺服器上像 MS SQL Server 或是 MySQL，我們新增的表單資料、用戶資料等等就會存在資料庫裡面，並透過 SQL 程式語言跟資料庫溝通，達到可以針對資料進行新增、查詢、刪除、修改。

SQL Injection 就是一般使用者可透過表單輸入、Url 查詢、上傳檔案外部資料的輸入裡面夾帶著一些 SQL 語法，並執行 SQL 語法在 SQL Server 裡面，造成資料庫的裡面的資料遭刪除或是竊取。

14.2.1 資料查詢情境

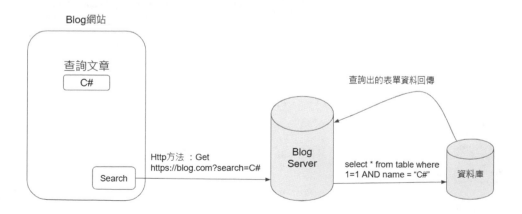

步驟：

Step 01 搜尋框裡面，輸入要查詢的內容。

Step 02 按下查詢按鈕之後，組查 Url 傳送至 Server。

Step 03 Server 接收到這個 Request 之後會解析裡面的查詢內容。

Step 04 組成 SQL 查詢語法，向資料庫查詢資料。

```
select * from table where 1=1 AND name ='C#'
```

Step 05 資料庫回傳查詢結果到 Server。

Step 06 Server 最後回傳查詢結果給使用者。

14.2.2 SQL Injection 情境

SQL Injection 刪除資料表。

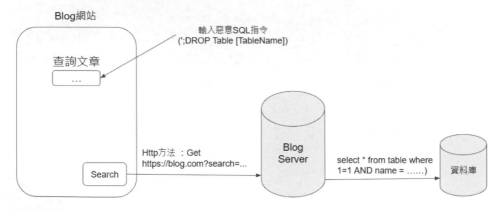

步驟：

Step 01 搜尋框裡面，輸入惡意 SQL 指令 (':DROP Table [TableName])。

Step 02 按下查詢按鈕之後，組查 Url 傳送至 Server。

Step 03 Server 接收到這個 Request 之後會解析裡面的查詢內容。

Step 04 組成 SQL 語法。

```
select * from table where 1=1 AND name ='';DROP Table [TableName]
```

Step 05 資料庫執行語法，刪除資料表。

說明：

由上述範例可以理解到，發生原因是輸入的查詢條件轉換成了 SQL 語法，而不是轉化成一般的查詢字串，防範 SQL Injection 的方式就是把外部輸入的查詢條件轉換成字串變數。

14.2.3 有問題的寫法

Step 01 有問題寫法。

```
string sqlString = $"select * from [Users] where (1=1) AND name = '{search}' ";

var data = await _db.Users
    .FromSqlRaw(sqlString)
    .Select(x => x.Name)
    .FirstOrDefaultAsync();

ViewBag.Result = data ?? "查無資料";
```

筆記：這邊查詢字串是組合起來。

Step 02 前端輸入攻擊字串。

```
'; drop table users;--
```

Step 03 查看結果，會發現資料表被刪掉。

14.2.4 如何防範

Step 01 儲存成 SqlParameter。

```
var sqlParameter = new SqlParameter("@name", search);
string sqlString2 = $"select * from [Users] where (1=1) AND name = @name";

var data2 = await _db.Users
    .FromSqlRaw(sqlString2, sqlParameter)
    .Select(x => x.Name)
    .FirstOrDefaultAsync();
```

> **筆記**：把輸入的查詢變數，儲存至 Sql Parameter 變數裡面，這樣攻擊字串就會變成一段查詢的字串，並不會變成 SQL 程式語言。

Step 02 前端輸入攻擊字串，這邊使用 Url 傳入。

https://localhost:7214/Security/SQLInjection?search='; drop table users;--

Step 03 查看結果，Users 資料表還在。

14.3 CSRF/XSRF（跨網站請求偽造）

CSRF (Cross-Stie-Request-Forgery) 又稱 XSRF，跨網站請求偽造，進入到一個惡意網站時，惡意網站可以透過你按按鈕的行為發送請求到我們架設的網站裡面，進行攻擊，這種攻擊方式是跨一個網站向你所建造的網站發起請求。

CSRF 攻擊適用於 Cookie 驗證的網頁應用程式，因為 Cookie 由瀏覽器管理，所以當我們從惡意網站填好表單發送請求後，還有效的 Cookie 也會跟著被傳送到系統。

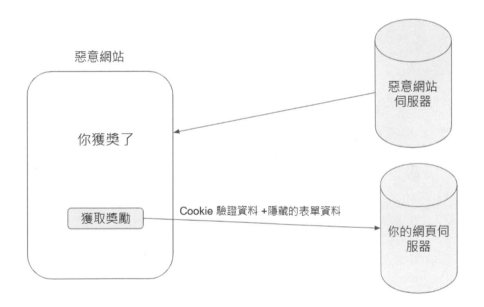

14.3.1 如何防禦

權杖同步 (Synchronizer token pattern) 簡稱 STP，最常見的防禦方式，簡單來說就是會在表單裡面多加一個隱藏的亂數欄位，名稱為 __RequestVerificationToken，當表單送出之後會驗證這一個欄位的資料。

```
" 輸入名稱： "
<input type="text" name="name"> == $0
<button type="submit">送出</button>
<input name="__RequestVerificationToken" type="hidden" value="CfDJ8IfUYPI7AAtCjhTk53MEiI4lDo
dSCO5fi12QhtLgIQLgu5rWv15NNmYM40Q7zuGQ0976VpijffHEsHMLauI6moeC8Po9APt-Llw2yEy70ToX10uD22aHyE
RCG4a90N7Muaie2wtYIHwkK-9Xh877VpU">
</form>
```

14.3.2 Asp.Net Core 產生權杖的方式

Program 的設定：

1. 跟系統註冊要使用 MVC 相關的架構。

```
// Add services to the container.
builder.Services.AddControllersWithViews();
builder.Services.AddMvc();
```

2. Middleware 啟用 RazerPage、Blazor、MVC 功能。

```
// MapRazorPages
// MapBlazorHub
app.MapControllerRoute(
    name: "default",
    pattern: "{controller=Home}/{action=Index}/{id?}");
```

表單內加入權杖：

```
CSRF.cshtml    SecurityController.cs    Program.cs
1  <form asp-action="CSRF" method="post">
2      @Html.AntiForgeryToken()
3
4      輸入名稱：
5      <input type="text" name="name" />
6      <button type="submit">送出</button>
7  </form>
```

驗證權杖：

```
[HttpPost]
[ValidateAntiForgeryToken]
0 個參考
public IActionResult CSRF(string name)
{
    return View();
}
```

14.4 XSS (Cross-site scripting)(跨網站指令碼)

　　XSS(Cross-site scripting) 跨網站指令碼，是利用前端的 input 欄位輸入 JavaScript 腳本或是在 Url 裡面有有 JavaScript 的攻擊代碼，這邊我們提常見的兩種 XXS 攻擊類型，分別是反射型和儲存型。

14.4.1 反射型 XSS (Reflected)

　　網站查詢資料的流程：

Step 01 在搜尋框裡面輸入 (想查詢的內容)，範例是輸入 C#。

Step 02 按下 Search 查詢按鈕。

Step 03 組成 Url，向後端發起 Request。

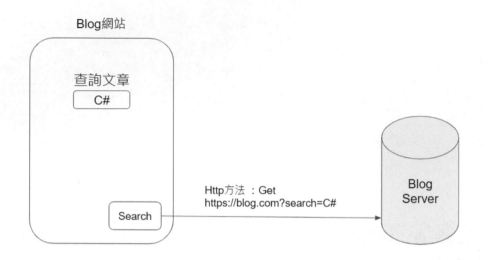

説明：

　　一般查詢資料的時候會使用 HttpGet 的方式，把 Querystring 傳入到後端，也就會是上圖所示，查尋文字的輸入框輸了 C#，按下 Search 後會向後端發起一個 https://blog.com?search=C# 的 Request，而 search=C# 這一段就是 Querystring。

　　透過點擊超連結 Url，直接發送 Request 向後端發起查詢：

説明：

　　一般我們在社交媒體的聊天室裡面，很多朋友會分享連結，點了之後就會開啟一個網站，像這種模式其實就是把組好的 Url 直接透過瀏覽器向後端伺服器發起 Request。

14.4.2 反射型 XXS 攻擊範例

說明：

我們已經知道可以透過 Url 直接向伺服器送出 Request 了，那我們也可以把惡意指令碼組成 Url，再傳送給一般使用者，當一般使用者在不知情的情況點擊 Url 時，就有可能會直接執行惡意程式碼。

14.4.3 儲存型 XSS (Stored)

儲存型 XSS 攻擊範例：

Step 01 在輸入框裡面輸入惡意內容 (以發文功能為例)。

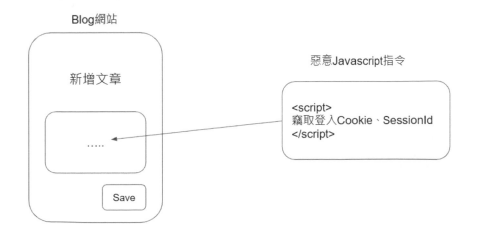

Step 02 按下儲存後，會把惡意指令儲存置資料庫。

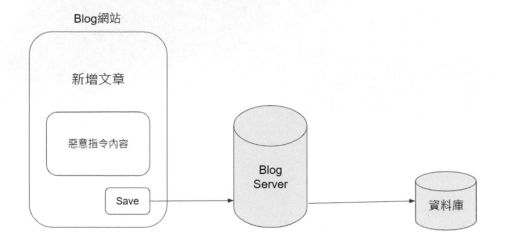

Step 03 當伺服器提供這一頁的內容時，也會剛好把惡意指令帶出來就會執行此惡意指令，像是竊取使用者資料傳遞到惡意網站伺服器。

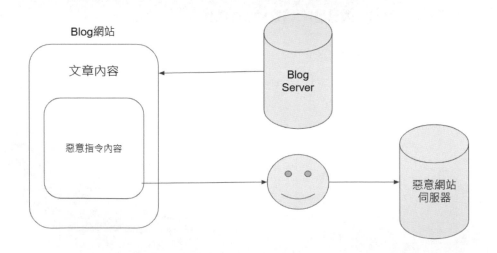

14.4.4 如何防範

在 Microsoft 官方提供以下預防步驟 。

1. 如果你不遵守以下幾點的防範，請勿讓不受信任的資料 (可能會有問題的資料) 呈現在你的服務前端 (網頁上面)，不受信任的資料來源可能來至表單輸入、Http 標頭、查詢字串、資料庫。

   說明：要呈現到前端給使用者看的資料，都應該要過濾，確定不會造成危害才可以提供出來。

2. 針對 Html 標籤裡面內容可能放置不受信任的字串，所以會改變 Html 編碼標籤 < 改變為 <，讓這筆資料紀錄或是呈現時不會執行原本指令。

3. 針對 Html 標籤屬性裡面可能放置不受信任的屬性，並確定這屬性是屬於 Html 的編碼。

4. 不信任的資料要輸入的 JavaScript 邏輯裡面時，避免裡面有危險字串像是 <script> 這種關鍵字，會用時溜進為取代它們，像是 < 會變成 \003C。

5. 透過 URL 進行查詢時，請先確認 URL 裡面的編碼符合預期，是安全的。

以下示範過濾不信任的外部資料輸入：

❑ 範例程式：

Step 01 相依性注入 Html Encode、JavaScript Encode、UrlEncode。

```
private readonly HtmlEncoder _htmlEncoder;
private readonly JavaScriptEncoder _javaScriptEncoder;
private readonly UrlEncoder _urlEncoder;

0 個參考
public SecurityController(
    HtmlEncoder htmlEncoder,
    JavaScriptEncoder javaScriptEncoder,
    UrlEncoder urlEncoder)
{
    _htmlEncoder = htmlEncoder;
    _javaScriptEncoder = javaScriptEncoder;
    _urlEncoder = urlEncoder;
}
```

Step 02 相依性注入 Html Encode、JavaScript Encode、UrlEncode。

```
[HttpPost]
[ValidateAntiForgeryToken]
0 個參考
public IActionResult XSS(string content)
{
    var htmlContnet = _htmlEncoder.Encode(content);
    var jsContnet = _javaScriptEncoder.Encode(content);
    var urlContnet = _urlEncoder.Encode(content);

    ViewBag.html = htmlContnet;
    ViewBag.dontEncodeHtml = content;
    ViewBag.js = jsContnet;
    ViewBag.url = urlContnet;

    return View();
}
```

説明：
藉由上述方式，過濾不受信任的資料輸入。

結果：

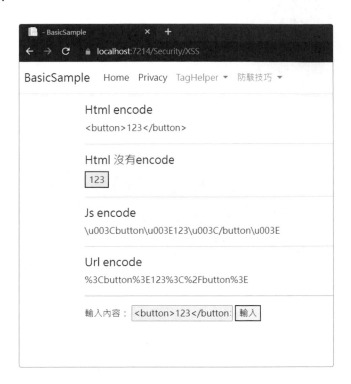

說明：

可見沒有 encode 會造成 XSS 的漏洞，其他都是過濾後的資料內容。

14.5 CORS 跨來源資源分享 Cross Origin Resource Sharing

每一個網頁都是由網站伺服器提供出網頁內容，所以提供資料的就是伺服器，如果這個伺服器所提供的資料都是由他自己本身所提供的話，我們稱為同源。但很常會遇到這個網站需要透過 API 來取得另一個網站的資訊，這樣就會變成不同來源取得資料，這就會被稱為跨來源資源分享，為了不讓誰都可以任意取得資源所以多了這個機制進行防護。

14.5.1 什麼是 CORS

CORS 原文是 Cross Origin Resource Sharing(跨來源資源分享)，是一種機制用來控制目前瀏覽的網站是否有權利取得另外一個網站的資訊。

網站資訊由 http://testa.com 提供。

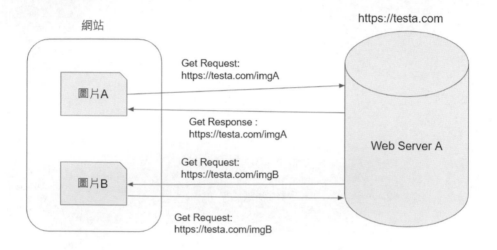

網站資訊主要由 https://testa.com 提供，但裡面又需要 https://testb.com 的資料，所以從原本的 https://testa.com 向 https://testb.com，跨來源請求資料，瀏覽器為了防止有人不當跨來源請求資料，所以會跳出 CORS 的警告訊息，但很多情況會需要存取其他來源的資料，所以在撰寫程式的時候會針對這種情境需要額外寫程式，在 Asp.Net Core 架構裡面就可以設定 Cors，讓特定網站可以跨資源存取資料。

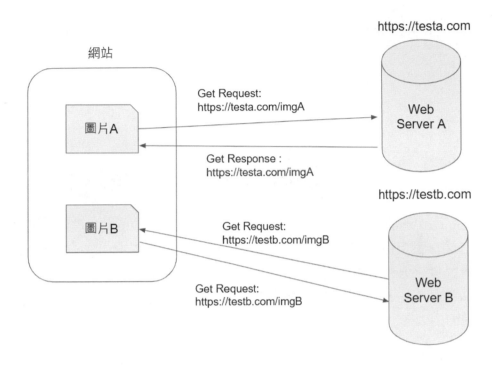

14.5.2 如何防範

1. 開啟 Program.cs，跟系統啟用 Cors 的功能，設定哪些網址可以跨
   資源存取。

```
// 1.Cors
string[] corsParameter = { "http://test.com", "https://test.com" };
builder.Services.AddCors(opt =>
    opt.AddPolicy("TestCorsPolicy", policy =>
              policy.AllowAnyHeader()
                  .AllowAnyMethod()
                  .AllowCredentials()
                  .WithOrigins(corsParameter)));
```

2. 開啟 Program.cs，設定 Middleware 針對跨資源請求特別過濾。

```
// 2.Cors
app.UseCors("TestCorsPolicy");
```

14.6 Hsts Http Strict-Transport-Security

網路傳輸資料的時候會有固定的傳輸格式叫做 Http，像是我們寫信的信封有固定格式，有固定的欄位大小，寫什麼內容之類的，如果信封寫錯就會被退件，簡單來說可以理解為 Http 等於有規範格式的信封，而 https 這個 s 是 Security，說明這個信封是被加密的導致有心人士看不到信封裡面的內容。

Hsts 原文是 Http Strict Transport Security(Http 嚴格傳輸安全)，就是我們的網站程式寫好，架上站台提供服務時，會設定是否只能用 https 進行連線，如果沒設定的話我們可以使用 Http 進行連線，為了安全考量現在瀏覽器都會希望你是 https 的網頁，因此我們也可以在程式裡頭設定我們的網頁只能用 https 進行瀏覽，如果使用非 https 的方式就會出現錯誤。

14.6.1 如何防範

Step 01 開啟 Program.cs，補上 UseHsts()。

```
// Configure the HTTP request pipeline.
if (!app.Environment.IsDevelopment())
{
    app.UseExceptionHandler("/Home/Error");
    // The default HSTS value is 30 days. You
    app.UseHsts();
}
```

14.7 練習題

1. 面試常考題，什麼是 SQL Injection ？

2. 實作常遇到問題，如何解決 CORS ？

3. 簡單講解什麼是 CSRF、XXS ？

部屬到 Microsoft Azure

15.1 什麼是 Azure

Azure 是微軟 (Microsoft) 架設的雲端服務平台，以前需要自己買的設備，像是資料庫、伺服器等等，現在有一些大公司提供了他們自己的設備給一般大眾使用，好處是我們不需要特別自己買伺服器來維護和管理，大大降低了軟體開發的難易度。

而此本書教你如何零成本架站，除了資料庫的錢以外，只要用微軟的免費方案，便可免費架網站了。

> **補充**：專門的伺服器或是資料庫，其實就是一台安裝網頁伺服器軟體的電腦，而這台電腦只用在部屬網站使用。

15.2 建立 WebService

首先需要先申請一個 Azure 帳號，Azure 會要你先綁定信用卡，所以我們需要先 Azure 綁定信用卡。

以下就是要先做的事情：

1. 登入 Azure 綁定信用卡。
2. 創建綁定用帳戶。

前兩步都做好之後，就可以接下以下步驟了。

Step 01 在首頁點擊應用程式服務 (如下圖)。

Step 02 進來 [應用程式服務]，建立一個應用服務。

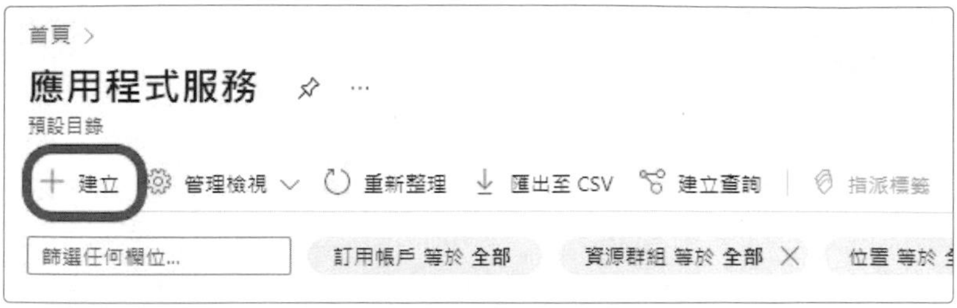

首頁 >

應用程式服務 🔗 ···
預設目錄

╋ 建立 　⚙ 管理檢視 ∨ 　↻ 重新整理 　↓ 匯出至 CSV 　⁇ 建立查詢 　│ 🔖 指派標籤

篩選任何欄位... 　　訂用帳戶 等於 全部 　　資源群組 等於 全部 ✕ 　　位置 等於 全

Step 03 可以參考下圖進行設定。

名稱：是你的網站名稱，請自行輸入。

發佈：選擇代碼。

作業系統：Windows 系統。

地區：(用 Azure 預設的)。

App Service 方案：記住要選擇免費的。

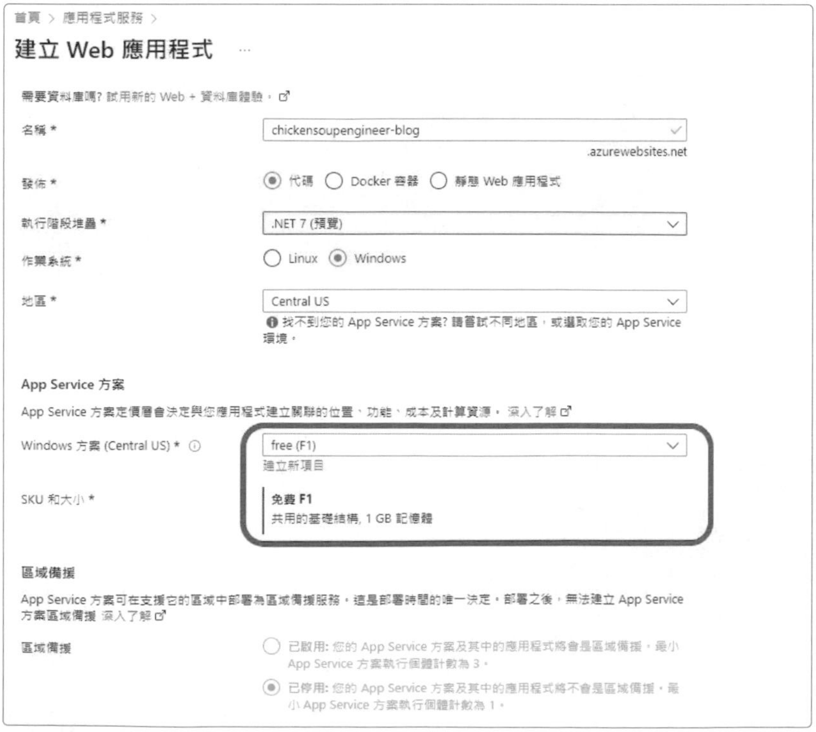

首頁 > 應用程式服務 >

建立 Web 應用程式 ···

需要資料庫嗎? 試用新的 Web + 資料庫體驗。 ⧉

名稱 *　　　　　　chickensoupengineer-blog　　　　　　　　　　✓
　　　　　　　　　　　　　　　　　　　　　　　　　.azurewebsites.net

發佈 *　　　　　　◉ 代碼　○ Docker 容器　○ 靜態 Web 應用程式

執行階段堆疊 *　　.NET 7 (預覽)　　　　　　　　　　　　　∨

作業系統 *　　　　○ Linux　◉ Windows

地區 *　　　　　　Central US　　　　　　　　　　　　　　∨
　　　　　　　　　ⓘ 找不到您的 App Service 方案? 請嘗試不同地區，或選取您的 App Service 環境。

App Service 方案

App Service 方案定價層會決定與您應用程式建立關聯的位置，功能、成本及計算資源。深入了解 ⧉

Windows 方案 (Central US) * ⓘ　free (F1)　　　　　　　　　　　　∨
　　　　　　　　　　　　　　建立新項目

SKU 和大小 *　　　　　　　免費 F1
　　　　　　　　　　　　　共用的基礎結構, 1 GB 記憶體

區域備援

App Service 方案可在支援它的區域中部署為區域備援服務。這是部署時間的唯一決定。部署之後，無法建立 App Service 方案區域備援 深入了解 ⧉

區域備援　　　　　○ 已啟用: 您的 App Service 方案及其中的應用程式將會是區域備援。最小 App Service 方案執行個體計數為 3。
　　　　　　　　　◉ 已停用: 您的 App Service 方案及其中的應用程式將不會是區域備援。最小 App Service 方案執行個體計數為 1。

Step 04 前一步驟設定完之後，其他都可以是 Azure 預設的，所以可以直接跳到最後面 [檢視 + 建立]。

這邊只要注意最後的費用會是免費的就好了。

Step 05 接著就可以開始部屬了，部屬完後會看到下圖的畫面，並取得發行檔。

Step 06 到專案裡面，紅色框起來處，按下右鍵，選擇發佈。

Step 07 按下發佈選項後，會看到以下畫面，並新增→匯入發行檔→下一步→選擇剛剛取得的發行檔匯入，順著步驟點。

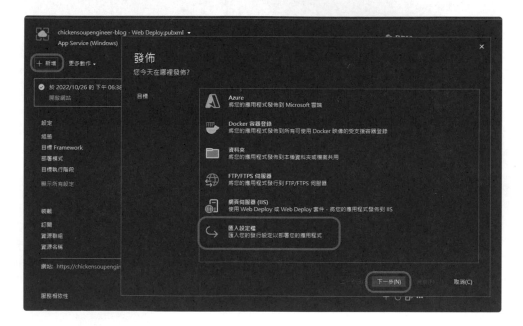

Step 08 按下發佈後就可以了。

恭喜你成功建置好自己的 Blog 囉！

淺談 Docker

16.1 Docker

Docker 是一種工具，主要讓我們可以建置任何應用程式，並可以在不同作業系統執行應用程式服務。目前只需要知道兩個最主要的角色 Container 和 Images。

- Images 映像檔：
  創造 Container 的模板，可以看作是一種打包好的應用程式或服務，它包含了運行程序或服務所需的一切，像是程式、變數、資料庫、環境變數等等。

- Container 容器：
  Container 是容器的意思，可以想像成一個虛擬的容器可以裝載各種不同的應用程式服務，並且可以透過啟動容器也啟動服務。

- Repository 倉庫：
  Docker 裡面的 Repository 用來儲存 Images 映像檔，類似 github 裡面儲存代碼的 Repository。

- Registry：
  Repository 裡面會存放映像檔，而 Registry 就是管理 Repository 的伺服器，Registry 結合 Docker CLI 進行使用，就像我們使用 GitHub 一樣會有相對應的方法 pull、push 方式存取 Repository 裡面的 Images。而 Docker Hub 就是一個常見的 Docker Registry。

- Dockerfile：
  用來建立 Image 映像檔的設定檔，透過指令執行 Dockfile 設定，產生 Image 檔。

指令：

```
docker build . -t mydockerimage -f Dockerfile
```

16.2 Docker 常見指令整理

以下指令以 Windows 環境為範例。

- 建立 Image 映像檔：

```
>docker build . -t {建立的 Image 名稱} -f Dockerfile
```

筆記：
1. Dockerfile 為撰寫的 Dockfile 檔案名稱。
2. 執行成功後會拿到 ImageID。

- 查詢 Image 映像檔：

```
>docker image list
```

- 移除 Image 映像檔：

```
>docker image rm imageId
```

- 建立 Container 容器：

```
>docker create -p 8000:80 --name {Container 名稱} {Image 名稱}
```

- 執行 Container 容器：

```
>docker container start containerId
```

- 停止 Container 運行：

```
>docker container stop containerID
```

- 移除 Container：

```
>docker rm containerId
```

■ 查詢執行中的 Container：

```
>docker ps
```

■ 查詢所有的 Container：

```
>docker ps -a
```

16.3 ASP.NET Core 使用 Docker

16.3.1 安裝 Docker

Step 01 搜尋 Docker download。

Step 02 下載檔案。

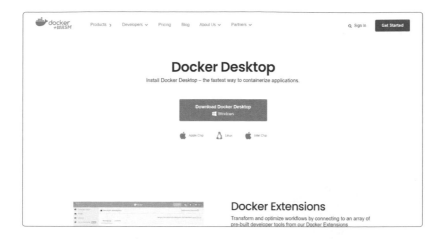

Step 03 安裝檔案。

🔵 Docker Desktop Installer.exe	2022/12/1 下午 09:51	應用程式	577,884 KB

Step 04 打開 PowerShell，輸入 docker 指令後如果出現以下畫面代表安裝成功。

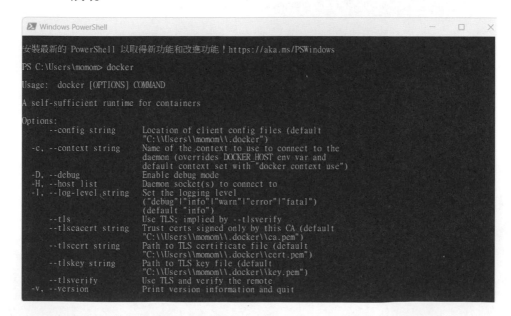

16.3.2 ASP.NET Core 發佈檔封裝成 Images

這邊來實作如何把 ASP.NET Core 應用程式封裝成映像檔，只要傳遞映像擋到其他平台後就可以建立成 Container 進行跨平台的建置與使用。

Step 01 發佈 ASP.NET Core 專案，選擇專案。

範例上是選擇 BasicSample 專案。

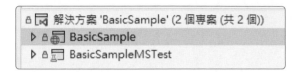

Step 02 右鍵選擇發佈。

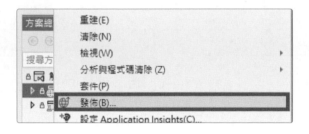

Step 03 會看到發佈的畫面。

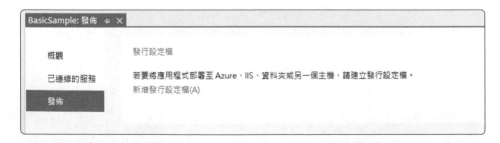

Step 04 點選新增發行設定檔,會出現以下畫面,選擇資料夾。

筆記:這邊是選擇編譯後要把編譯後的檔案放在哪裡。

Step 05 選擇發佈位置。

是選擇放在專案內。

Step 06 進到 app 資料夾裡面,新增 Dockerfile。

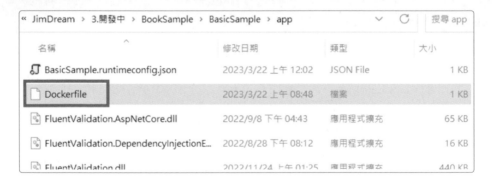

Step 07 撰寫 Dockerfile 內容。

```
1   FROM mcr.microsoft.com/dotnet/aspnet:6.0
2   COPY . .
3   ENTRYPOINT ["dotnet", "BasicSample.dll"]
```

筆記：
1. FROM 關鍵字是用來繼承微軟官方 ASP.NET Core SDK 的 Image 檔案。
2. 要起始執行的檔案。

Step 08 開啟 PowerShell，並把執行位置轉移到 app 專案內部。

指令：cd 檔案完整路徑。

Step 09 建立成映像檔，建立成工可以看到 Image，sha256 等字樣。

指令：docker build . -t basic-sample-image -f Dockerfile。

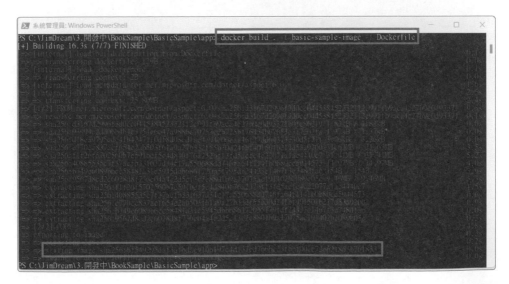

> **筆記：**
>
> -t：目標 image 名稱。
>
> -f：參考檔案名稱。

Step 10 打開 Docker Desktop，可以看到有沒有建立成功。

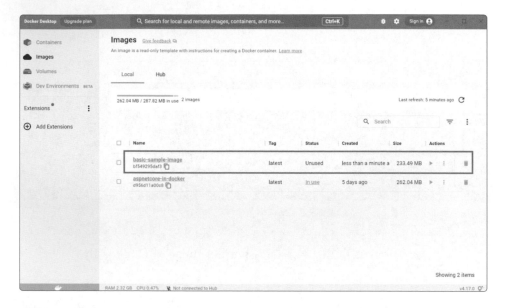

Step 11 建立 Container。

指令：docker create -p 8000:80 –name App1 basic-sample-image。

> **筆記：**
>
> 1. create 是用來創建 Container。
>
> 2. -p 設定網站執行的 port 號。
>
> 3. -- name 是設定 Container 名稱。

Step 12 打開 Docker Desktop，查看 Container 並啟動。

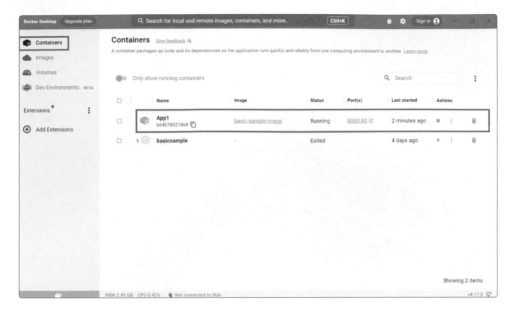

Step 13 啟動成功後可以在瀏覽器上看到網站服務。

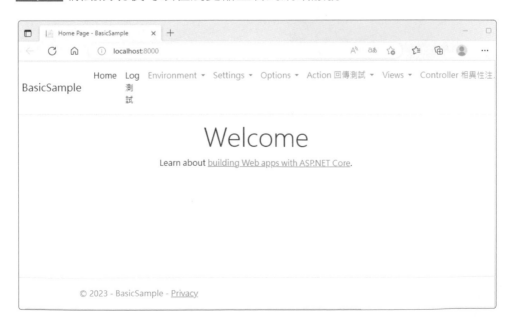

16.4 練習題

1. 什麼是 Docker？

2. Image、Container 之間有什麼關係？

3. DockerFile 的功能是什麼？

IIS 部屬

常見的部屬除了利用雲端 Azure 進行部屬外，自行架
伺服器進行部屬也是很常見的方式，一般電腦裡面也可以
開啟網站伺服器 (IIS)。

17.1 開啟 Windows IIS 應用程式服務

以 Window 11 為範例。

Step 01 在查詢功能裡面輸入關鍵字「功能」。

Step 02 選擇「開啟或關閉 Windows 功能」。

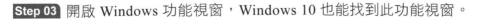

Step 03 開啟 Windows 功能視窗，Windows 10 也能找到此功能視窗。

Step 04 可以把 NET Framework 相關的以及 Internet Information Services 勾起。

筆記：建議重啟電腦後設定就會生效。

Step 05 搜尋框輸入 IIS。

Step 06 點選 Internet Information Server 管理員。

Step 07 看到以下畫面就代表成功了。

Step 08 執行預設網站。

筆記：如果站台是關閉請在管理網站功能裡→點選啟動。

Step 09 這就是預設網站，如果看到這個畫面就代表成功了。

17.2 部屬 ASP.NET Core 到 IIS

Step 01 點選站台→點集新增網站。

Step 02 輸入站台名稱、實體路徑及連接埠號。

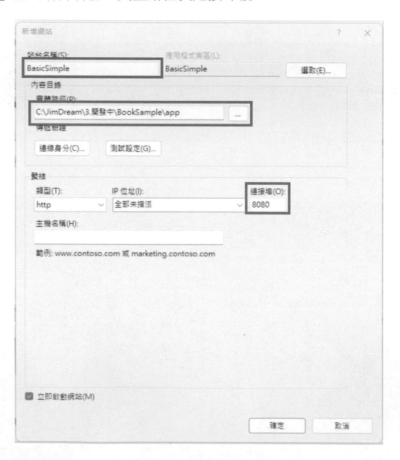

筆記：

1. 實體路徑就是 ASP.NET Core 發佈後存放檔案的地方。
2. 需先創好資料夾位置。

Step 03 選取 BasicSimple 專案。

Step 04 右鍵→發佈。

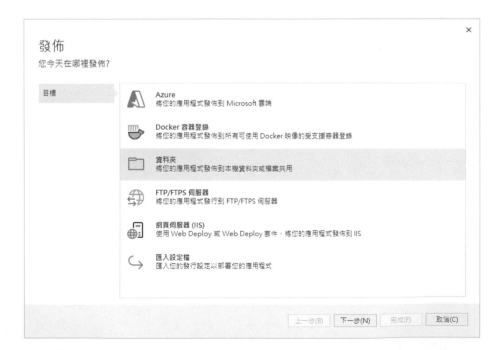

Step 05 選擇發佈到資料夾。

Step 06 資料夾位置選擇剛剛 IIS 所設定的實體位置。

Step 07 點擊發佈。

Step 08 可以看到這的檔案路徑下長出編譯好的檔案。

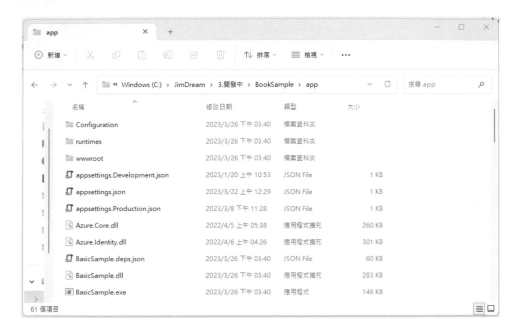

Step 09 回到 IIS，重新整理站台。

筆記：因為 ASP.NET Core 傳案有重新被發佈執行了，需要重新整。

Step 10 看到部屬成功的檔案。

Step 11 瀏覽網站。

Step 12 執行查看結果,有看到此畫面代表成功。

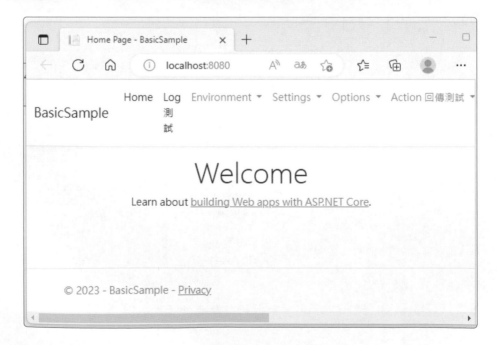

製作 Blog —
新增專案

Gap

A.1 建立空白專案

Step 01 新增 Blog 專案，按下一步。

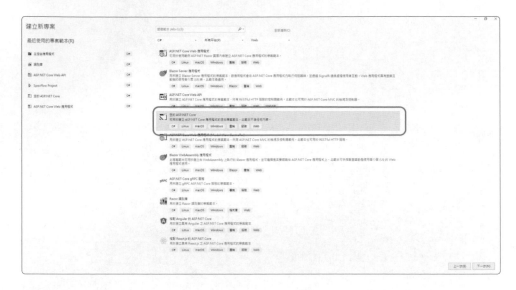

Step 02 輸入專案名稱和位置，按下一步。

設定新的專案

空的 ASP.NET Core C# Linux macOS Windows 雲端 服務 Web

專案名稱(J)

EFBlog

位置(L)

C:\Users\1.practice\test\

解決方案名稱(M) ⓘ

EFBlog

☐ 將解決方案與專案置於相同目錄中(D)

Gap

Step 03 選擇架構，不啟用 Docker。

Step 04 Ctrl + Alt + L 打開方案總管。

Step 05 檢視每一個檔案。

EFBlog 專案：

方案 EFBlog 就是對應 EFBlog.sln 檔案，方案 EFBlog 下面叫做 EFBlog 網頁應用程式 (專案)，對應 EFBlog 資料夾。

- Connected Services：
  如果需要連接第三方的 API 伺服器會在這邊做設定，但通常不會用到。

- Properties：
  儲存專案部屬的檔案，專案進行部屬時會參考裡面的 launchSettings.json 設定檔。

- 相依性：
  專案所使用的架構或是專案彼此相依會設定在這裡面。

- appsettings.json：
  專案所需要用的參數設定檔會寫在這裡。

- Program.cs：
  1. 專案的核心檔案。
  2. 會輸入各類型設定檔，像是 appsettings.json、launchSettings.json。
  3. 執行 Middleware、Filter 等設定。
  4. 是專案起始點。

注意：不熟的名詞及觀念可以等實作完再來思考喔。

Step 06 新增 Blog 專案需要用到的資料夾。

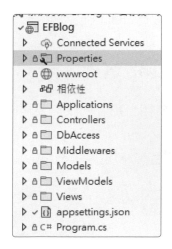

請新增以下資料夾：

- Applications：
  存放邏輯運算。
- Controllers：
  存放所有 Controllers。
- Models：
  存放資料庫 Entity 物件。
- ViewModels：
  存放給 View 使用的物件。
- View：
  存放畫面檔案。
- DbAccess：
  EntityFramework 跟資料庫存取資料的物件。
- Middlewares：
  放置 Middleware 的物件。

A.2 安裝 Bootstrap、Validation、jQuery

Blog 專案前端會用 Bootstrap 來實作，欄位驗證後出錯內容顯示在前端這個功能會使用 jquery 的 validation 套件。

A.2.1 新增 Bootstrap 套件

Step 01 既然是給用戶端使用，那我們就需要再 wwwroot 這個資料夾新增套件。

在 wwwroot 上→右鍵→加入→用戶端程式庫。

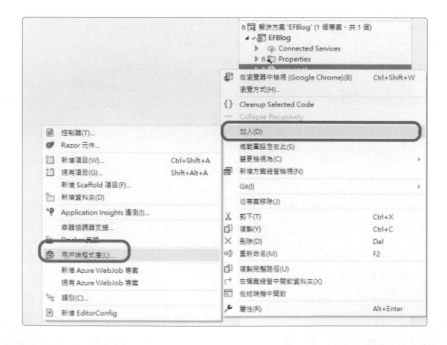

> **筆記：**
> 1. 用戶端指使用瀏覽器的使用者，也就是運行在瀏覽器上的程式碼。
> 2. 會在瀏覽器運行的程式碼，可以理解為前端程式，像是 HTML、CSS、JavaScript 這類型的程式語言。

Step 02 在程式庫輸入 bootstrap，自動就會出現相關的選項，我們選擇 bootstrap。

Step 03 選擇 dist。

Step 04 輸入目標位置 wwwroot/lib/bootstrap/，並儲存。

Step 05 會在 wwwroot/lib/bootstrap 路徑裡面找到剛剛下載的。

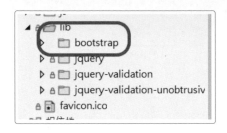

Step 06 新增 jQuery 套件 (省略部分步驟，詳細步驟請看新增 bootstrap 套件)。

Step 07 新增 jquery-validation-unobtrusive 套件 (省略部分步驟，詳細步驟請看新增 bootstrap 套件)。

Step 08 新增 jquery-validation 套件 (省略部分步驟，詳細步驟請看新增 bootstrap 套件)。

Step 09 建完如下。

A.3　建造 MVC 的架構

前一章已經建立空白專案，介紹了各個檔案的功能也安裝了 Bootstrap，現在我們就把普普通通的空白架構變成 MVC 架構吧。

Step 01 清除用不到的程式碼，由於要建立 MVC 架構，所以要把預設的程式碼先刪除，只留下以下的程式碼就好。

```
var builder = WebApplication.CreateBuilder(args);
var app = builder.Build();

app.Run();
```

Step 02 使用 builder 裡面的 Service，把 ControllersWithViews 這 MVC 服務加入到系統裡面。

```
// Add services to the container.
builder.Services.AddControllersWithViews();
```

這段程式說明：此網站服務（Service），註冊（添加上）MVC 這個功能。

> **筆記：**
> 1. Service 可以想成就是這個網站的核心，稱作網站服務。
> 2. 在創建 builder 這個物件後，Service 也會跟著創建起來，所以他一開始就是存在的，只是我們如果沒有特別使用他的話不會看到他。

Step 03 啟用 MVC 路由功能。

```
app.MapControllerRoute(
    name: "default",
    pattern: "{controller=Home}/{action=Index}/{id?}");
```

> **筆記：**啟用 MVC 架構，傳入的網址就是所謂的 pattern，系統會根據上面格式進行比對，才知道要通知哪一個資源。

A.4 新增 Controller

Step 01 新增 HomeController，在 Controller 資料夾按右鍵→加入→控制器。

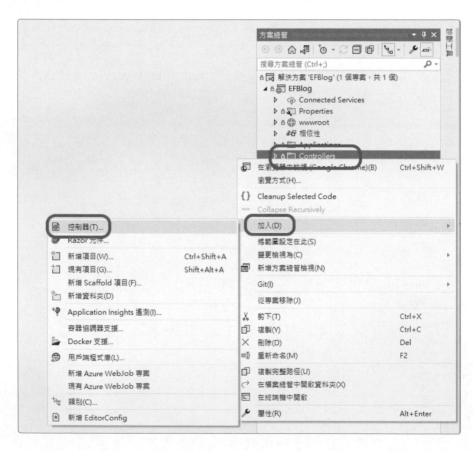

Step 02 加入 MVC 空白控制器。

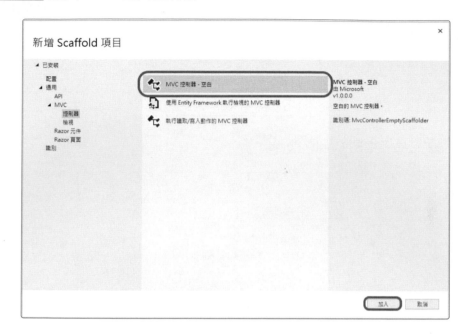

Step 03 選擇 MVC 控制器→輸入名稱 HomeController.cs →新增。

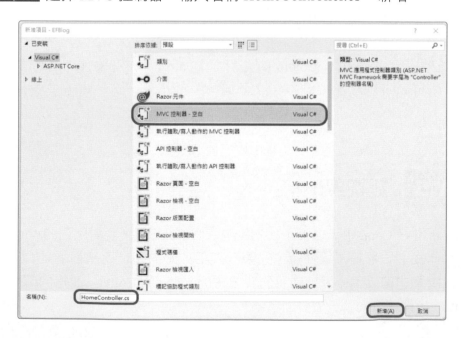

Step 04 重複以上動作,並新增 ArticleController 和 LoginController,這邊先新增 Blog 專案會用到的 Controller 就好。

```
▲ ᴀ 🗀 Controllers
   ▷ ᴀ C# ArticleController.cs
   ▷ ✓ C# HomeController.cs
   ▷ ᴀ C# LoginController.cs
```

Step 05 查看新增的 Controller。

```
using Microsoft.AspNetCore.Mvc;

namespace EFBlog.Controllers
{
    2 個參考
    public class HomeController : Controller
    {
        0 個參考
        public IActionResult Index()
        {
            return View();
        }
    }
}
```

筆記:可以看到 HomeController 繼承了 Controller 這個物件,因為繼承了 Controller 他就可以接收來自表單的輸入或是 Url 輸入。

A.5 新增 View

新增好 Controller 之後,就先新增每個 Controller 會對應到的 View,當我們從瀏覽器輸入網址後,只要輸入相對應的網址而這個網址會對應到預設路由的設定,來指向我們會前往哪一個 Controller,並指向哪一個 Action,最後倒向哪一個畫面檔案。

這一章節我們先來設定好哪些 Controller 會連到哪些畫面，只要先把畫面的雛形建造出來就好，之後的章節再細説畫面上需要哪些欄位。

A.5.1 建造第一個 View，以 Blog 網站首頁為例

❑ 方法一：

Step 01 開起 HomeController.cs。

Step 02 游標放在 Index。

```
0 個參考
public async Task<IActionResult> Index()
{
    return View();        (可等候) T
}                    CS1998: 這個
                    緒上執行 CPU
```

Step 03 右鍵點兩下選取→再點擊左鍵→新增檢視。

```
namespace EFBlog.Controllers
{
    3 個參考
    public class HomeController : Controlle        新增檢視(D)...
    {
        private readonly ILogger<HomeControl       移至檢視(V)          Ctrl+M, Ctrl+G
        private readonly IArticleService _ar       快速動作與重構...       Ctrl+.
                                                   重新命名(R)...         Ctrl+R, Ctrl+R
        0 個參考
        public HomeController(ILogger<HomeCo       移除和排序 Using(E)    Ctrl+R, Ctrl+G
        {
            _logger = logger;                      CodeMaid            ▶
            _article = article;
        }                                          賭核定義            Alt+F12
                                                   移至定義(G)          F12
        0 個參考                                    移至基底            Alt+Home
        public async Task<IActionResult> Ind       前往實作            Ctrl+F12
        {                                          尋找所有參考(A)       Shift+F12
            return View();                         檢視呼叫階層(H)       Ctrl+K, Ctrl+T
        }                                          追蹤值末源
```

Step 04 選取 Razor 檢視 - 空白→加入。

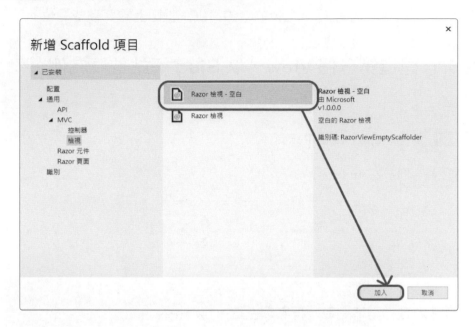

Step 05 選取 Razor 檢視 - 輸入名稱 (預設是 index.cshtml) →新增。

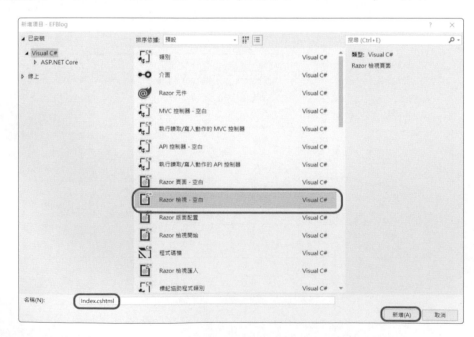

Step 06 新增成功後會自動出現在 Views/Home 裡面。

> **筆記**：因為要可以在 html 檔案裡面寫 C#，所以需要是 cshtml 檔案。

❑ **方法二：**

Step 01 直接在 Views/Home 裡面新增 Index.cshtml 檔案。

> **筆記**：當 Request 輸入到 Asp.Net Core 裡面的時候，系統會自動解析 URL 裡面的 Controller 和 Action 並對應到 Views 裡面的那一個資料夾和哪一個 cshtml 檔案。

A.5.2 建造其餘的 View

如同前一小節的方法建造以下幾個 View，只需要先建造出來就好了。

需建造以下的 View：

1. 文章列表畫面。
2. 新增文章畫面。
3. 編輯文章畫面。
4. 文章內容畫面。
5. 首頁。
6. 登入畫面。

所有的 View 都建造好之後會跟下圖一樣。

A.6 設定 Router

A.6.1 什麼是 Router

　　Router 為路由的意思，路由用來描述這個網頁是由什麼樣子的 URL 對應出來的。在預設下每個 Request 會依照 Program.cs 裡面的 MapControllerRoute 來判斷這筆 Request 可以取到哪一筆資源 (如下圖)。如果輸入的 Request 是 https://localhost:7199/Home/Index，那 Home 就會對應到哪一個 Controller，Index 對應到是 HomeController 裡面的哪一個 action。

```
app.MapControllerRoute(
    name: "default",
    pattern: "{controller=Home}/{action=Index}/{id?}");
```

　　Router 的方式就可以設定 Url 路徑，而不會依照預設的路徑設定，新增文章的頁面預設 Url 是 https://localhost:7199/Article/CreateArticle(圖一)，我們可以加設 Router，讓他的存取路徑變成 https://localhost:7199/CreateArticle(圖二)，也有第二種方式可以設定自訂路由 (圖三)。

```
public IActionResult CreateArticle()
{
    return View();
}
```

▲（圖一）

```
[Route("CreateArticle")]
0 個參考
public IActionResult CreateArticle()
{
    return View();
}
```

▲（圖二）

```
[HttpGet("CreateArticle")]
0 個參考
public IActionResult CreateArticle()
{
    return View();
}
```

▲（圖三）

A.6.2 設定 HomeController 的 Router

Step 01 首頁。

```
[Route("/")]
0 個參考
public async Task<IActionResult> Index()
```

A.6.3 設定 ArticleController 的 Router

Step 01 文章首頁。

```
[HttpGet("Article/{id}")]
0 個參考
public async Task<IActionResult> Index(long id)
```

Step 02 新增文章頁 Get/Post。

```
[HttpGet("CreateArticle")]
0 個參考
public IActionResult CreateArticle()
```

Step 03 取得文章列表。

```
[HttpGet("GetArticleList")]
0 個參考
public async Task<IActionResult> GetArticleList()
```

Step 04 取得編輯文章。

```
[HttpGet("UpdateArticle/{id}")]
0 個參考
public async Task<IActionResult> UpdateArticle(long id)
```

A.7 新增 Layout(配置檔)

Step 01 新增 Layout.cshtml 檔案。

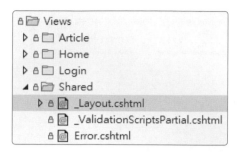

Step 02 使用 RenderBody()，讓 Layout(配置檔) 可以讀取檢視。

程式位置：Views/Shared/_Layout.cshtml

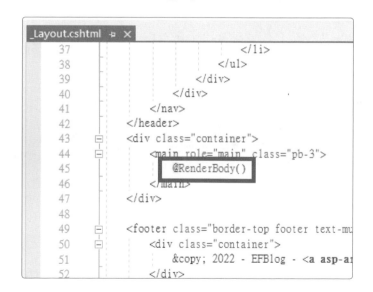

筆記：這邊只秀出部分程式碼片段。

Step 03 RenderSectionAsync 讀取 View(檢視) 裡面的區段程式碼。

程式位置：Views/Shared/_Layout.cshtml

讀取 Css 程式碼：

```
<link rel "stylesheet" href " /EFBlog.style
@RenderSection("styles", required: false)
head>
```

讀取 JavaScript 程式碼：

```
<script src="~/lib/bootstrap/dist/js/bootstrap.bundle.m
<script src=" /js/site.js" asp-append-version="true"><
@await RenderSectionAsync("Scripts", required: false)
</body>
```

筆記：這邊只秀出部分程式碼片段，可以直接觀看原始碼。

Blog 商業邏輯

B.1 文章的商業邏輯

B.1.1 Blog 功能情境

1. 新增文章，需要從前端輸入文章訊息，再傳到後端儲存。
2. 上傳圖片到文章裡面的功能。
3. 查詢文章列表。
4. 查詢文章內容
5. 編輯文章。
6. 刪除文章。

以上初步列出需要的邏輯情境，可以規劃出以下兩個部分：

1. 設計物件，此物件會裝前端畫面輸入的訊息、後端邏輯部分要傳回到前端畫面的訊息。
2. 設計涵式 (Function)，設計處理這些物件的涵式 (Function 方法)，也就是所謂的邏輯處理部分。

B.1.2 程式範例

Step 01 新增兩個檔案 IArticleService 和 ArticleService 這兩個檔案。

Step 02 開啟 IArticleService 檔案。

程式位置：Applications/ArticleService/IArticleService.cs

```
□namespace EFBlog.Applications.ArticleService
 {
      6 個參考
 □   public interface IArticleService
 {
```

注意：新增的是 Interface，不是 class 喔。

筆記：Interface(介面)，在物件導向程式設計裡面是一個很重要的設計，他用來定義涵式要輸入進去的變數類型和回傳值，以及涵式名稱，並不需要實作裡面的邏輯。

Step 03 設計傳遞資料的物件，打開 ViewModels 裡面的 ArticleService 資料夾，新增 UpdateArticleViewModel 物件。

Step 04 1. 新增 UpdateArticleViewModel.cs。

程式位置：ViewModels/ArticleService/UpdateArticleViewModel.cs

```
□namespace EFBlog.ViewModels.ArticleService
{
      21 個參考
□    public class UpdateArticleViewModel
     {
          5 個參考
          public long Id { get; set; }

          7 個參考
          public string Title { get; set; } = string.Empty;

          8 個參考
          public string ArticleContent { get; set; } = string.Empty;
          6 個參考
          public bool IsDelete { get; set; }
     }
}
```

筆記：新增、編輯文章的前端資料會透過 UpdateArticleViewModel.cs 進行傳送。

2. 新增 ArticleViewModel.cs。

程式位置：ViewModels/ArticleService/ArticleViewModel.cs

```
13 個參考
public class ArticleViewModel
{
    3 個參考
    public long Id { get; set; }

    4 個參考
    public string Title { get; set; } = string.Empty;

    3 個參考
    public string ArticleContent { get; set; } = string.Empty;
}
```

筆記：查詢出來的文章內容，會透過 UpdateArticleViewModel.cs 傳送前端畫面呈現。

3. 新增 ImageUploadResponse.cs。

程式位置：ViewModels/ArticleService/ImageUploadResponse.cs

```
3 個參考
public class ImageUploadResponse
{
    2 個參考
    public int Uploaded { get; set; }
    2 個參考
    public string FileName { get; set; } = string.Empty;
    2 個參考
    public string Url { get; set; } = string.Empty;
    2 個參考
    public string Msg { get; set; } = string.Empty;
}
```

筆記：當我們從 CKEditor 上傳圖片到後端時，後端會把圖片儲存到指定位置，並回傳成功的相關資料到前端，告訴我們上傳圖片是成功的，而回傳的相關資料就會由 ImageUploadResponse.cs 回傳到前端。

Step 05 新增完成後資料夾結構會長這樣。

```
ViewModels
ArticleService
    C# ArticleViewModel.cs
    C# ImageUploadResponse.cs
    C# UpdateArticleViewModel.cs
```

Step 06 設計需要用到的涵式 (function)，新增在 Interface 裡面。
程式位置：Applications/ArticleService/IArticleService.cs

```csharp
public interface IArticleService
{
    2 個參考
    Task<ImageUploadResponse> UploadImage(IFormFile upload);

    2 個參考
    Task CreateArticle(UpdateArticleViewModel model);

    2 個參考
    Task UpdateArticle(UpdateArticleViewModel model);

    2 個參考
    Task<IList<ArticleViewModel>> GetListArticle();

    2 個參考
    Task<ArticleViewModel> GetArticle(long id);

    2 個參考
    Task<IList<UpdateArticleViewModel>> GetUpdateArticleList();

    2 個參考
    Task<UpdateArticleViewModel> GetUpdateArticle(long id);
}
```

新增文章：CreateArticle()

CKEditor 上傳圖片：UploadImage()

取得需要編輯的文章列表：GetUpdateArticleList()

取得需要編輯文章的內容：GetUpdateArticle()

編輯文章：UpdateArticle()

查詢文章列表：GetListArticle()

查詢文章內容：GetArticle()

Step 07 實作 ArticleService 繼承 IArticleService。

程式位置：Applications/ArticleService/ArticleService.cs

```
namespace EFBlog.Applications.ArticleService
{
    2 個參考
    public class ArticleService : IArticleService
    {
        private readonly ApplicationDbContext _db;

        0 個參考
        public ArticleService(ApplicationDbContext db
    }
}
```

Step 08 但如果沒實作的話會出現錯誤，所以先把函式都先寫出來。

程式位置：Applications/ArticleService/ArticleService.cs

```
namespace EFBlog.Applications.ArticleService
{
    2 個參考
    public class ArticleService : IArticleService
    {
        private readonly ApplicationDbContext _db;

        0 個參考
        public ArticleService(ApplicationDbContext db)...

        2 個參考
        public Task CreateArticle(UpdateArticleViewModel model)...

        2 個參考
        public Task<ArticleViewModel> GetArticle(long id)...

        2 個參考
        public Task<IList<ArticleViewModel>> GetListArticle()...

        2 個參考
        public Task<UpdateArticleViewModel> GetUpdateArticle(long id)...

        2 個參考
        public Task<IList<UpdateArticleViewModel>> GetUpdateArticleList()...

        2 個參考
        public Task UpdateArticle(UpdateArticleViewModel model)...

        2 個參考
        public Task<ImageUploadResponse> UploadImage(IFormFile upload)...
    }
}
```

Step 09 開啟 Program.cs 跟系統註冊要使用這一個服務。

程式位置：Program.cs

```
Program.cs ⊣ ×  IAuthService.cs        AuthService.cs
EFBlog
   1   using EFBlog.Applications.ArticleService;
   2   using EFBlog.Applications.Auth;
   3   using EFBlog.DbAccess;
   4   using EFBlog.Middlewares;
   5   using Microsoft.AspNetCore.Authentication.Cookies;
   6   using Microsoft.EntityFrameworkCore;
   7
   8   var builder = WebApplication.CreateBuilder(args);
   9   var configurations = builder.Configuration;
  10
  11   builder.Services.AddDbContext<ApplicationDbContext>(
  12       options => options.UseSqlServer(configurations.GetConnectionString("Db
  13
  14   // Add services to the container.
  15   builder.Services.AddControllersWithViews();
  16
  17   // 註冊客製化介面
  18   builder.Services.AddTransient<IArticleService, ArticleService>();
  19
```

Step 10 使用 ArticleService，在 ArticleController 裡面相依性注入。

程式位置：Controllers/ArticleController.cs

```
1 個參考
public class ArticleController : Controller
{
    private readonly IArticleService _article;

    0 個參考
    public ArticleController(IArticleService articleService)
    {
        _article = articleService;
    }

    [HttpGet("Article/{id}")]
```


Step 11 Controller 裡面的 Action 調用 ArticleService 的功能。

程式位置：Controllers/ArticleController.cs

1. 查詢出可以觀看的文章列表。

```
[Route("/")]
0 個參考
public async Task<IActionResult> Index()
{
    var model = await _article.GetListArticle();
    return View(model);
}
```

ArticleController：

1. ArticleController 裡面取得文章詳細內容，GetArticle()。

```
[HttpGet("Article/{id}")]
0 個參考
public async Task<IActionResult> Index(long id)
{
    var model = await _article.GetArticle(id);

    if (model is not null)
    {
        return View(model);
    }

    return Redirect("/");
}
```

2. 上傳新增的文章內容，CreateArticle()。

```
public async Task<IActionResult> CreateArticle(UpdateArticleViewModel model)
{
    await _article.CreateArticle(model);
    return Redirect("/");
}
```

3. 取得想要編輯的文章列表，GetUpdateArticleList()。

```
[HttpGet("GetArticleList")]
0 個參考
public async Task<IActionResult> GetArticleList()
{
    var model = await _article.GetUpdateArticleList();
    return View(model);
}
```

4. 查詢想要編輯的文章內容詳細資料，UpdateArticle()。

```
[HttpGet("UpdateArticle/{id}")]
0 個參考
public async Task<IActionResult> UpdateArticle(long id)
{
    var model = await _article.GetUpdateArticle(id);
    if (model is not null)
    {
        return View(model);
    }

    return Redirect("/");
}
```

5. 上傳編輯文章內容，UpdateArticle()。

```
public async Task<IActionResult> UpdateArticle(UpdateArticleViewModel model)
{
    await _article.UpdateArticle(model);
    return RedirectToAction($"GetArticleList");
}
```

6. 先增文章時上傳圖片的處理。

```
public async Task<IActionResult> Uploads(IFormFile upload)
{
    var obj = await _article.UploadImage(upload);

    return Json(new
    {
        uploaded = obj.Uploaded,
        fileName = obj.FileName,
        url = obj.Url,
        error = new
        {
            message = obj.Msg
        }
    });
}
```

B.2 登入功能的商業邏輯

B.2.1 登入功能情境

1. 輸入帳號密碼。
2. 驗證帳號密碼。

以上初步列出需要的邏輯情境,可以規劃出以下兩個部分:

1. 設計物件,此物件會裝前端登入的訊息、後端邏輯部分驗證是否
   能登入。
2. 設計涵式 (Function),設計如何判斷登入的情境。

B.2.2 程式範例

Step 01 新增兩個檔案 IAuthService 和 AuthService。

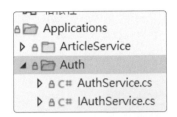

Step 02 開啟 IAuthService 檔案,新增 Interface 用來定義要什麼功能的 function。

程式位置:Applications/Auth/IAuthService.cs

Step 03 新增資料夾存放物件,打開 ViewModel → 新增 Auth 資料夾→新增物件 LoginRequest.cs。

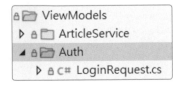

Step 04 設計前後端傳遞資料的物件。

程式位置：ViewModels/Auth/LoginRequest.cs

```
namespace EFBlog.ViewModels.Auth
{
    6 個參考
    public class LoginRequest
    {
        3 個參考
        public string Pwd { get; set; } = string.Empty;
    }
}
```

> **筆記：** 因為我們只做簡單的驗證，所以只需要輸入密碼欄位就好。

Step 05 設計需要用到的涵式 (function)，新增在 Interface 裡面。

程式位置：Applications/Auth/IAuthService.cs

```
namespace EFBlog.Applications.Auth
{
    4 個參考
    public interface IAuthService
    {
        2 個參考
        Task<bool> LoginUserCheckPwd(LoginRequest model);
    }
}
```

Step 06 打開 AuthServie 繼承 Interface。

程式位置：Applications/Auth/AuthService.cs

```
2 個參考
public class AuthService : IAuthService
{
    private readonly ApplicationDbContext _db;

    0 個參考
```

Step 07 這時候會因為沒有實作所以出現錯誤。

程式位置：Applications/Auth/AuthService.cs

```
namespace EFBlog.Applications.Auth
{
    2 個參考
    public class AuthService  IAuthService
    {
        private readonly ApplicationDbContext _db;

        0 個參考
        public AuthService(ApplicationDbContext db)
        {
            _db = db;
        }
    }
}
```

Step 08 實作 IAuthService 裡面的方法。

程式位置：Applications/Auth/AuthService.cs

```
public async Task<bool> LoginUserCheckPwd(LoginRequest model)
{
    throw new NotImplementedException();
}
```

筆記：但因為我們還沒有要撰寫裡面的商業邏輯的部分，所以先寫 NotImplementException 未實做完成的 Exception。

Step 09 跟系統註冊要使用 AuthService 這個功。

程式位置：Program.cs

```
Program.cs  ⊣ ×  IAuthService.cs        AuthService.cs
EFBlog                                              ▼
    10
    11      builder.Services.AddDbContext<ApplicationDbContext>(
    12          options => options.UseSqlServer(configurations.GetConnectionString("Db
    13
    14      // Add services to the container.
    15      builder.Services.AddControllersWithViews();
    16
    17      // 註冊客製化介面
    18      builder.Services.AddTransient<IArticleService, ArticleService>();
    19      builder.Services.AddTransient<IAuthService, AuthService>();
    20
    21      builder.Services
    22          .AddAuthentication(options => options.DefaultScheme = CookieAuthentica
    23  ⊟      .AddCookie(x =>
```

Step 10 在 LoginController 相依性注入 AuthService.cs。

程式位置：Controllers/LoginController.cs

```
⊟namespace EFBlog.Controllers
 {
     1 個參考
⊟    public class LoginController : Controller
     {
         private readonly IAuthService _auth;

         0 個參考
⊟        public LoginController(IAuthService auth)
         {
             _auth = auth;
         }
```

Step 11 在輸入密碼時，調用 AuthService 裡面的功能。

程式位置：Controllers/LoginController.cs

```
[HttpPost]
0 個參考
public async Task<IActionResult> Index(LoginRequest model)
{
    if (await _auth.LoginUserCheckPwd(model))
    {
        var claims = new List<Claim>
        {
            new Claim("UserCode",model.Pwd),
        };

        var claimsIdentity = new ClaimsIdentity(
            claims,
            CookieAuthenticationDefaults.AuthenticationScheme);

        await HttpContext.SignInAsync(
            CookieAuthenticationDefaults.AuthenticationScheme,
```

B.3 客製化 Middleware

Step 01 新增 ExceptionMiddleware.cs。

Step 02 相依性注入 RequestDelegate。

程式位置：Middlewares/ExceptionMiddleware.cs

```csharp
public class ExceptionMiddleware
{
    private readonly RequestDelegate _next;

    0 個參考
    public ExceptionMiddleware(RequestDelegate next)
    {
        _next = next;
    }
```

Step 03 新增 Invoke 方法，除入 HttpContext 也就是 Request 物件。

程式位置：Middlewares/ExceptionMiddleware.cs

```csharp
public async Task Invoke(HttpContext context)
{
}
```

Step 04 寫上 try catch，截獲錯誤。

程式位置：Middlewares/ExceptionMiddleware.cs

```csharp
public async Task Invoke(HttpContext context)
{
    try
    {
    }
    catch (Exception ex)
    {
    }
}
```

Step 05 next，方法可以讓 Request 繼續向 Controller 傳入。

程式位置：Middlewares/ExceptionMiddleware.cs

```csharp
public async Task Invoke(HttpContext context)
{
    try
    {
        await _next(context);
    }
    catch (Exception ex)
    {
    }
}
```

Step 06 如果有錯誤的話，要顯示在畫面上。

程式位置：Middlewares/ExceptionMiddleware.cs

```csharp
public async Task Invoke(HttpContext context)
{
    try
    {
        await _next(context);
    }
    catch (Exception ex)
    {
        await context.Response
            .WriteAsync($"{GetType().Name} Error Message: {ex.Message}");
    }
}
```

筆記：記錄錯誤有幾種方式，console log 顯示、存進資料庫等等。

Step 07 跟系統註冊，有一個客製化的 Middleware 也要使用。

程式位置：Program.cs

```
Program.cs ⊕ ×
EFBlog                                                              ▾
25              x.LoginPath = new PathString("/Login");
26          });
27
28      builder.Services.AddAuthorization();
29
30      var app = builder.Build();
31
32      app.UseMiddleware<ExceptionMiddleware>();
33
34      // Configure the HTTP request pipeline.
35      if (!app.Environment.IsDevelopment())
36      {
37          app.UseExceptionHandler("/Home/Error");
38          // The default HSTS value is 30 days. You may want to change this
39          app.UseHsts();
40      }
41
42      app.UseHttpsRedirection();
43      app.UseStaticFiles();
44
45      app.UseAuthentication();
46      app.UseAuthorization();
47
48      app.MapControllerRoute(
```

設計 Blog 資料表

C.1 NuGet - 安裝 EntityFramework

要安裝工具就要想到要從 NuGet 裡面，進行搜尋和安裝。

Step 01 開啟管理 NuGet 套件。

工具→ Nuget 套件管理員→管理方案的 Nuget 套件。

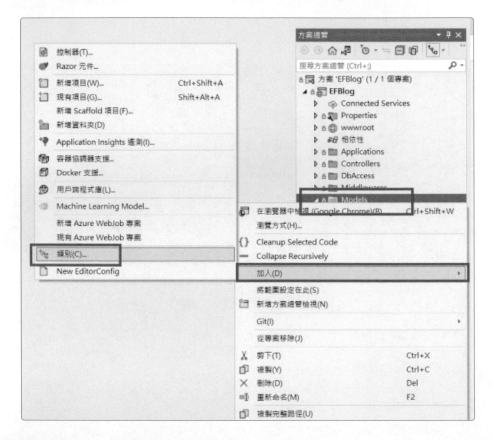

Step 02 搜尋以下兩個套件進行安裝。

1. Microsoft.EntityFrameworkCore.SqlServer。

2. Microsoft.EntityFrameworkCore.Tools。

> 筆記：
> 1. Microsoft.EntityFrameworkCore.SqlServer（用在與資料庫溝通用的套件）。
> 2. Microsoft.EntityFrameworkCore.Tools（用來在套件管理主控台可以下指令來建立資料表，如果沒安裝就不能用）。

C.2 設定 ApplicationDbContext

撰寫 EF Core 6 最重要的物件，資料庫溝通的 ORM 物件。

Step 01 在 DbAccess 資料夾→右鍵→加入→類別。

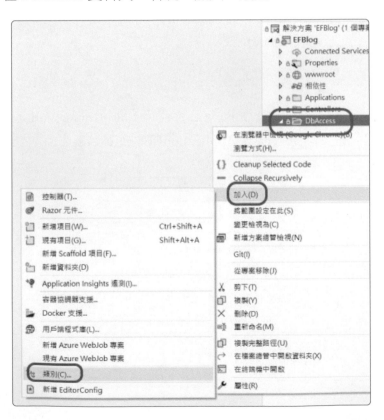

Step 02 輸入名稱 ApplicationDbContext.cs。

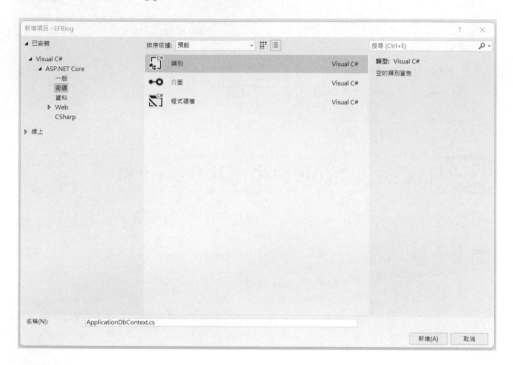

Step 03 打開 ApplicationDbContext.cs，使用 Entityframe work 套件。

程式位置：DbAccess/ApplicationDbContext.cs

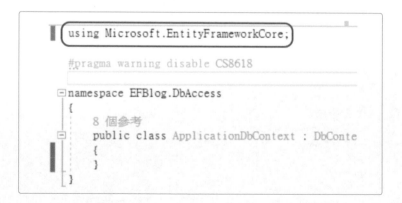

Step 04 繼承 DbContext。

程式位置：DbAccess/ApplicationDbContext.cs

```
namespace EFBlog.DbAccess
{
    8 個參考
    public class ApplicationDbContext : DbContext
    {
    }
}
```

Step 05 建立建構子並傳入資料庫設定 (Options)。

程式位置：DbAccess/ApplicationDbContext.cs

```
0 個參考
public ApplicationDbContext(DbContextOptions<ApplicationDbContext> options)
: base(options)
{
}
```

Step 06 覆寫 DbContext 提供的 OnModelCreating 方法，這邊會執行當資料表要被新增時，會執行資料表裡面欄位的設定。

程式位置：DbAccess/ApplicationDbContext.cs

```
0 個參考
protected override void OnModelCreating(
ModelBuilder modelBuilder)
{
    base.OnModelCreating(modelBuilder);

    // 為每個 Table 詳細定義內容
    modelBuilder.ApplyConfigurationsFromAssembly(GetType().Assembly);
}
```

Step 07 開啟 Program.cs，跟系統説要啟用資料庫的功能。

程式位置：Program.cs

```
using EFBlog.Applications.ArticleService;
using EFBlog.Applications.Auth;
using EFBlog.DbAccess;
using EFBlog.Middlewares;
using Microsoft.AspNetCore.Authentication.Cookies;
using Microsoft.EntityFrameworkCore;

var builder = WebApplication.CreateBuilder(args);
var configurations = builder.Configuration;

builder.Services.AddDbContext<ApplicationDbContext>(
    options => options.UseSqlServer(configurations.GetConnectionString("DbString")));
```

> **筆記**：這邊設定 options 就是前面步驟 5 裡面的 options 參數。

Step 08 設定資料庫連線字串，開啟 appSettings.json。

程式位置：appsettings.json

```
{
  "Logging": {
    "LogLevel": {
      "Default": "Information",
      "Microsoft.AspNetCore": "Warning"
    }
  },
  "ConnectionStrings": { "DbString": "Server=localhost\\SQLEXPRESS;Database=Blog;Trusted_Connection=True;" },
//"ConnectionStrings": { "DbString": "Server=(localdb)\\MSSqlLocalDb;Database=Blog;" },
  "AllowedHosts": "*"
}
```

C.3 設計 Blog 文章物件

這邊新增兩個物件，Article.cs 和 AuthUser.cs，由這兩個物件產生資料庫資料表，一個是儲存文章相關的內容另一個是儲存使用者管理員的資料。

C.3.1 新增 Article 物件

Step 01 在 Models 資料夾上面，點右鍵→ 加入→類別 (物件)。

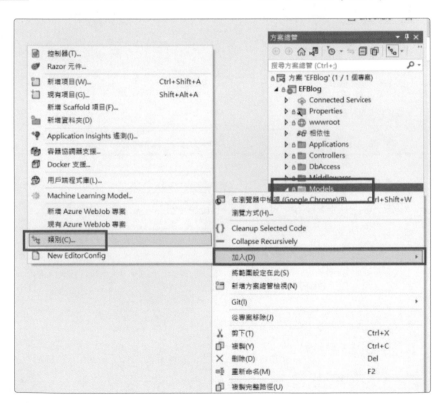

Step 02 新增物件，名稱取為 Article。

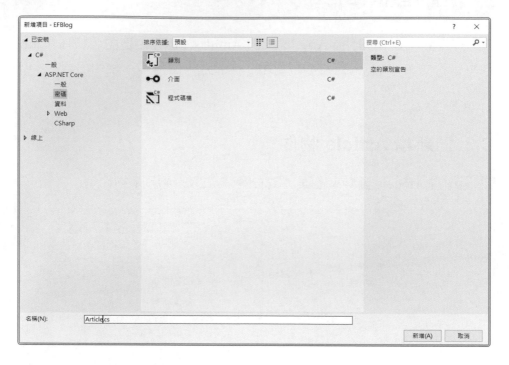

Step 03 設計資料庫的欄位。

程式位置：EFBlog/Models/Article.cs

```csharp
namespace EFBlog.Models
{
    6 個參考
    public class Article
    {
        7 個參考
        public long Id { get; set; }

        6 個參考
        public string Title { get; set; } = string.Empty;

        6 個參考
        public string ArticleContent { get; set; } = string.Empty;

        6 個參考
        public bool IsDelete { get; set; }
    }
}
```

> **筆記：**
> 1. 因為跟資料庫溝通的工具使用 EntityFramework，這個工具有一個技術叫做 Code First。 先在程式裡面先設計資料表，再把資料表新增到資料庫裡面。
> 2. 我們先新增用 C＃程式設計好要新增到資料庫的資料表要是什麼樣子。

C.3.2 設計儲存管理員資訊物件

新增 AuthUser 物件，儲存網站管理員的資訊，當作登入系統時會使用到此物件。

Step 01 在 Models 資料夾上面，點右鍵→ 加入→類別 (物件)。

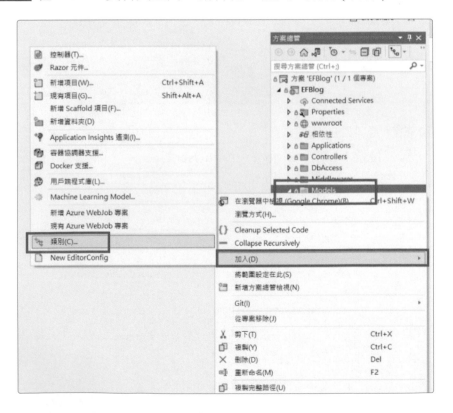

Step 02 新增物件，名稱取為 AuthUser.cs。

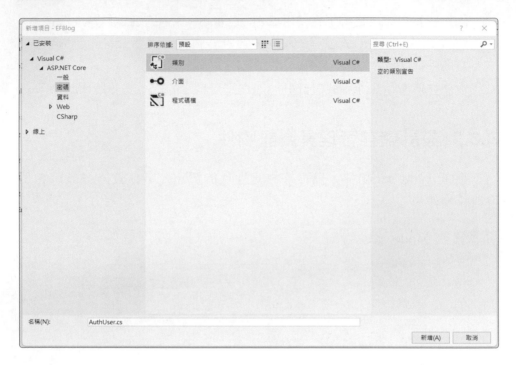

Step 03 設計資料庫的欄位。

程式位置：EFBlog/Models/AuthUser.cs

```
namespace EFBlog.Models
{
    1 個參考
    public class AuthUser
    {
        0 個參考
        public string Account { get; set; } = string.Empty;

        1 個參考
        public string Pwd { get; set; } = string.Empty;
        0 個參考
        public string HttpMethod { get; set; } = string.Empty;
        0 個參考
        public string FunctionPath { get; set; } = string.Empty;
        0 個參考
        public bool Enabled { get; set; }
    }
}
```

C.4 設定資料物件欄位屬性

當新增資料表的時候，EF 會參考物件的屬性新增的資料表欄位也會有相對應的設定。

C.4.1 方法一 Data Annotations (常見範例用法)

Step 01 打開 AuthUser.cs 檔案，引用 DataAnnotations 套件。

程式位置：EFBlog/Models/AuthUser.cs

```
using System.ComponentModel.DataAnnotations;
using System.ComponentModel.DataAnnotations.Schema;

namespace EFBlog.Models
{
    1 個參考
    public class AuthUser
    {
        0 個參考
        public string Account { get; set; } = string.Empty;

        1 個參考
        public string Pwd { get; set; } = string.Empty;
        0 個參考
        public string HttpMethod { get; set; } = string.Empty;
        0 個參考
        public string FunctionPath { get; set; } = string.Empty;
        0 個參考
        public bool Enabled { get; set; }
    }
}
```

筆記：引用以下兩個套件，用來設定欄位的屬性，可以設定欄位長度、名稱、型態、資料表主索引 (Key) 等等。

1. System.ComponentModel.DataAnnotations。
2. System.ComponentModel.DataAnnotations.Schema。

Step 02 把 Account 欄位設定成主索引 (Key)。

```
namespace EFBlog.Models
{
    1 個參考
    public class AuthUser
    {
        [Key]
        0 個參考
        public string Account { get; set; } = string.Empty;

        1 個參考
        public string Pwd { get; set; } = string.Empty;
        0 個參考
        public string HttpMethod { get; set; } = string.Empty;
        0 個參考
        public string FunctionPath { get; set; } = string.Empty;
        0 個參考
        public bool Enabled { get; set; }
    }
}
```

> **筆記**：此設定會當新增資料表時把 Account 設定成此資料表的 Key 值，
> 所謂的 Key 值就是這一張表的書籤會是唯一不可重複的值。

Step 03 設定 Key 值是 C# 程式設定的或是使用者產生的，而不是資料庫
自動產生的。

程式位置：Models/AuthUser.cs

```
namespace EFBlog.Models
{
    1 個參考
    public class AuthUser
    {
        [Key]
        [DatabaseGenerated(DatabaseGeneratedOption.None)]
        0 個參考
        public string Account { get; set; } = string.Empty;

        1 個參考
        public string Pwd { get; set; } = string.Empty;
        0 個參考
        public string HttpMethod { get; set; } = string.Empty;
        0 個參考
        public string FunctionPath { get; set; } = string.Empty;
        0 個參考
        public bool Enabled { get; set; }
    }
```

筆記：
1. 此屬性 [DatabaseGenerated]，造字面翻就可以猜出是跟資料庫產生有關，而這屬性設定就是，資料庫產生索引 (key 值) 資料的產生方式，是使用者自行輸入 Key 值還是資料庫 (SQLServer 需要幫忙產生)。
2. 資料庫自動產生的 Key 值只能是流水號數字。

C.4.2 方法二 Fluent API (商業實戰常用方法)

Step 01 新增資料夾，命名為 Configurarions。

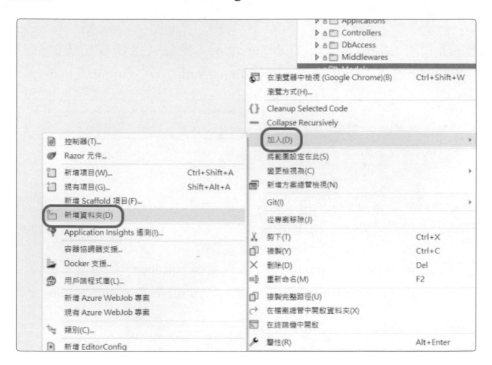

Step 02 新增 .cs 檔案命名為 AuthUserConfiguration。

Step 03 引用 EntityFrameworkCore 相關套件。

程式位置：EFBlog/Configurations/AuthUserConfiguration.cs

```
using Microsoft.EntityFrameworkCore;
using Microsoft.EntityFrameworkCore.Metadata.Builders;

namespace EFBlog.Models.Configurations
{
    0 個參考
    public class AuthUserConfiguration
    {
    }
}
```

Step 04 引用繼承 EntityTypeConfigureation，泛型 AuthUser 這個物件。

程式位置：EFBlog/Configurations/AuthUserConfiguration.cs

```
0 個參考
public class AuthUserConfiguration : IEntityTypeConfiguration<AuthUser>
{
}
```

筆記：紅色框框圈起來的用法叫做泛型，可以理解為針對這個 AuthUser 物件設定物件裡面的欄位型態。

Step 05 建立 EntityTypeBuilder 物件，取名為 builder。

程式位置：EFBlog/Configurations/AuthUserConfiguration.cs

```
namespace EFBlog.Models.Configurations
{
    0 個參考
    public class AuthUserConfiguration : IEntityTypeConfiguration<AuthUser>
    {
        0 個參考
        public void Configure(EntityTypeBuilder<AuthUser> builder)
        {
        }
    }
}
```

> **筆記**：EntityTypeBuilder 物件會幫助我們針對每個欄位進行設定。

Step 06 設定帳號欄位。

程式位置：EFBlog/Configurations/AuthUserConfiguration.cs

```csharp
0 個參考
public class AuthUserConfiguration : IEntityTypeConfiguration<AuthUser>
{
    0 個參考
    public void Configure(EntityTypeBuilder<AuthUser> builder)
    {
        builder
            .Property(x => x.Account)
            .HasColumnType("nvarchar(MAX)")
            .HasColumnName("帳號")
            .IsRequired();
    }
}
```

Step 07 設定密碼欄位。

程式位置：EFBlog/Configurations/AuthUserConfiguration.cs

```csharp
public void Configure(EntityTypeBuilder<AuthUser> builder)
{
    builder
        .Property(x => x.Account)
        .HasColumnType("nvarchar(MAX)")
        .HasColumnName("帳號")
        .IsRequired();

    builder
        .Property(x => x.Pwd)
        .HasMaxLength(10)
        .HasColumnType("varchar")
        .HasColumnName("密碼")
        .IsRequired();
}
```

整理常見設定：

1. 是否變填 IsRequired。

2. 欄位長度 HasMaxLength。

3. 欄位名稱 HasColumnName。

4. 欄位類型 HasColumnType。

> **筆記**：這邊可以注意到，如果想要設定欄位 MAX 也可以透過 HasColumnType 設定。

C.5 DbContext 設定要新增的資料表

前面步驟只做好了要新增的資料物件，但還沒有新增的資料庫裡面，這一節就要教讀者怎麼新增資料表到資料庫。

Step 01 開啟 ApplicationDbContext.cs 撰寫 DbSet，每一個 DbSet 就代表一張資料表。

程式位置：EFBlog/DbAccess/ApplicationDbContext.cs

```csharp
public class ApplicationDbContext : DbContext
{
    0 個參考
    public ApplicationDbContext(DbContextOptions<ApplicationDbContext> options)
    : base(options)
    {
    }

    8 個參考
    public DbSet<Article> Articles { get; set; }

    1 個參考
    public DbSet<AuthUser> AuthUsers { get; set; }

    0 個參考
    protected override void OnModelCreating(
    ModelBuilder modelBuilder)
    {
        base.OnModelCreating(modelBuilder);

        // 為每個 Table 詳細定義內容
        modelBuilder.ApplyConfigurationsFromAssembly(GetType().Assembly);
    }
}
```

> **筆記**：DbSet 就像是資料表一樣的結構，裝載資料表裡面的資料。而 Articles 和 AuthUsers 就是會被新增的資料表名稱。

Step 02 打開工具→ NuGet 套件管理員→套件管理器主控台。

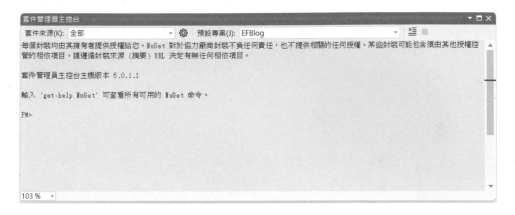

Step 03 使用 Code First 新增資料表。

輸入以下指令，新增資料表物件：

```
Add-Migration AddAuthUserTable
```

輸入以下指令，更新資料表：

```
Update-DataBase
```

利用 EF 新增、編輯、查詢、刪除資料庫文章功能

前面幾章節實作了介面、物件像是 IArticleService 和 ArticleService，介紹相依性注入等等技巧，但 ArticleService 裡面的一些方法還沒寫如何讀取出資料，這一章節來完成資料讀取功能。

D.1 相依性注入 (DI)DbContext 物件

Step 01 開啟 ArticleService.cs → 找到建構子 → 相依性注入 Application DbContext。

程式位置：EFBlog/Applications/ArticleService/ArticleService.cs

```
2 個參考
public class ArticleService : IArticleService
{
    private readonly ApplicationDbContext _db;

    0 個參考
    public ArticleService(ApplicationDbContext db)
    {
        _db = db;
    }
}
```

D.2 EF Core 新增 Blog 文章

Step 01 開啟 ArticleService.cs → 找到 CreateArticle 方法，如果前章節沒有完成，請回到之前的章節。

程式位置：EFBlog/Applications/ArticleService/ArticleService.cs

```
public async Task CreateArticle(UpdateArticleViewModel model)
{
}
```

Step 02 新創一個 Article 資料物件裝取從前端傳進來的資料。

程式位置：EFBlog/Applications/ArticleService/ArticleService.cs

```
public async Task CreateArticle(UpdateArticleViewModel model)
{
    var article = new Article
    {
        Title = model.Title,
        ArticleContent = model.ArticleContent,
        IsDelete = model.IsDelete
    };
}
```

Step 03 把資料放進跟資料庫溝通的 DbSet 這個物件裡面，既然是新增 Article 就要使用 DbSet<Article> 這一個 DbSet。

程式位置：EFBlog/Applications/ArticleService/ArticleService.cs

```
public async Task CreateArticle(UpdateArticleVi
{
    var article = new Article
    {
        Title = model.Title,
        ArticleContent = model.ArticleContent,
        IsDelete = model.IsDelete
    };

    _db.Articles.Add(article);

}
```

Step 04 SaveChangesAsync 方法更新資料表資料

程式位置：EFBlog/Applications/ArticleService/ArticleService.cs

```
public async Task CreateArticle(UpdateArticleViewModel model)
{
    var article = new Article
    {
        Title = model.Title,
        ArticleContent = model.ArticleContent,
        IsDelete = model.IsDelete
    };

    _db.Articles.Add(article);
    await _db.SaveChangesAsync();
}
```

D.3 EF Core 查詢 Blog 文章

要先新增資料後才能查詢得出資料，所以這邊我們先新增資料這邊再查詢結果來看看。

D.3.1 查詢多筆文章

Step 01 開啟 ArticleService.cs → 找 GetListArticle 方法。

程式位置：EFBlog/Applications/ArticleService/ArticleService.cs

```
public async Task<IList<ArticleViewModel>> GetListArticle()
{
    return null;
}
```

Step 02 撰寫查詢語法。

程式位置：EFBlog/Applications/ArticleService/ArticleService.cs

```
public async Task<IList<ArticleViewModel>> GetListArticle()
{
    return await _db.Articles
        .Where(x => x.IsDelete == false)
        .Select(x => new ArticleViewModel
        {
            Id = x.Id,
            ArticleContent = x.ArticleContent,
            Title = x.Title
        })
        .ToListAsync();
}
```

D.3.2 查詢單筆文章

`Step 01` 開啟 ArticleService.cs →找 GetArticle 方法。

```
public async Task<ArticleViewModel> GetArticle(long id)
{
    return null;
}
```

`Step 02` 撰寫查詢語法。

```
var result = await _db.Articles
    .Where(x => x.IsDelete == false && x.Id == id)
    .Select(x => new ArticleViewModel
    {
        Id = x.Id,
        ArticleContent = x.ArticleContent,
        Title = x.Title
    })
    .FirstOrDefaultAsync();
```

> **筆記**：使用 FirstOrDefaultAsync() 的方法，屬於非同步的方式，這邊不用 First() 或是 FirstAsync() 的原因是，如果沒有資料撈出來的話會直接出錯，為了預防這種情況，所以使用 FirstOrDefaultAsync() 或是 FirstOrDefault()。

`Step 03` 回傳資料。

```
public async Task<ArticleViewModel> GetArticle(long id)
{
    var result = await _db.Articles
        .Where(x => x.IsDelete == false && x.Id == id)
        .Select(x => new ArticleViewModel
        {
            Id = x.Id,
            ArticleContent = x.ArticleContent,
            Title = x.Title
        })
        .FirstOrDefaultAsync();

    return result ?? new();
}
```

> **筆記：**因為有可能會查不出資料，所以 result 就會是 null，避免是 null 的情況下就新增一個物件回傳。

補充：

1. new() 是創在一個這個物件箱子，只是裡面沒有任何東西。
2. null 是連一個裝東西的箱子都不存在，這樣在程式碼裡頭容易出錯。

D.4 ┃ EF Core 編輯 Blog 文章

D.4.1 查詢可以編輯的文章列表

Step 01 開啟 ArticleService.cs → GetUpdateArticleList 方法，此方法目的是撈取可以編輯的所有清單。

程式位置：EFBlog/Applications/ArticleService/ArticleService.cs

```
2 個參考
public async Task<IList<UpdateArticleViewModel>> GetUpdateArticleList()
{
    return null;
}
```

Step 02 查詢出編輯的資料清單。

程式位置：EFBlog/Applications/ArticleService/ArticleService.cs

```
public async Task<IList<UpdateArticleViewModel>> GetUpdateArticleList()
{
    return await _db.Articles
        .Select(x => new UpdateArticleViewModel
        {
            Id = x.Id,
            IsDelete = x.IsDelete,
            Title = x.Title,
            ArticleContent = x.ArticleContent
        })
        .ToListAsync();
}
```

筆記： 這一功能跟查詢 Blog 文章的功能差在此功能是要查詢可以進行編輯的文章，所以查詢出來的資料主要是給後台人員看的。

Step 03 畫面成果，點擊 Modify 可以撈出可以編輯的文章。

Step 04 點擊「第二篇發文」查詢出屬於這篇文章的內容進行編輯。

筆記： 每一篇文章都會有自己的 Id，要用這個 Id 來查詢出他的詳細的資料才可以編輯。

D.4.2 查詢要編輯的文章內容

Step 01 開啟 ArticleService.cs → GetUpdateArticle 方法。

程式位置：EFBlog/Applications/ArticleService/ArticleService.cs

```
public async Task<UpdateArticleViewModel> GetUpdateArticle(long id)
{
    return null;
}
```

Step 02 撰寫查詢內容，輸入想要編輯文章的 Id 進行查詢。

程式位置：EFBlog/Applications/ArticleService/ArticleService.cs

```
public async Task<UpdateArticleViewModel> GetUpdateArticle(long id)
{
    var data = await _db.Articles
        .Where(x => x.Id == id)
        .Select(x => new UpdateArticleViewModel
        {
            Id = x.Id,
            IsDelete = x.IsDelete,
            Title = x.Title,
            ArticleContent = x.ArticleContent
        })
        .FirstOrDefaultAsync();

    return data;
}
```

Step 03 習慣性加上防呆，如果沒有查詢出資料的話要丟出錯誤。

程式位置：EFBlog/Applications/ArticleService/ArticleService.cs

```csharp
public async Task<UpdateArticleViewModel> GetUpdateArticle(long id)
{
    var data = await _db.Articles
        .Where(x => x.Id == id)
        .Select(x => new UpdateArticleViewModel
        {
            Id = x.Id,
            IsDelete = x.IsDelete,
            Title = x.Title,
            ArticleContent = x.ArticleContent
        })
        .FirstOrDefaultAsync();

    if (data is null)
    {
        throw new Exception("search error");
    }

    return data;
}
```

Step 04 點擊完要編輯「第二篇發文」後會進入到編輯畫面，裡面的內容就是前一個步驟查詢出來的資料。

D.4.3 上傳編輯後的文章

Step 01 開啟 ArticleService.cs → UpdateArticle 方法。

程式位置：EFBlog/Applications/ArticleService/ArticleService.cs

```
public async Task UpdateArticle(UpdateArticleViewModel model)
{

}
```

> **筆記**：當修改完資料→按下送出→資料就會被送進 UpdateArticle 方法，
> 剛剛編輯的資料會從前端裝進 UpdateArticleViewModel 裡面。

Step 02 一樣要查詢出是哪一筆資料要做更改。

程式位置：EFBlog/Applications/ArticleService/ArticleService.cs

```
public async Task UpdateArticle(UpdateArticleViewModel model)
{
    var data = await _db.Articles
        .Where(x => x.Id == model.Id)
        .FirstOrDefaultAsync();
}
```

Step 03 寫上防呆，如果查詢不出資料也不能編輯就要顯示錯誤。

程式位置：EFBlog/Applications/ArticleService/ArticleService.cs

```
public async Task UpdateArticle(UpdateArticleViewModel model)
{
    var data = await _db.Articles
        .Where(x => x.Id == model.Id)
        .FirstOrDefaultAsync();

    if (data is null)
    {
        throw new Exception("search error");
    }
}
```

Step 04 把要更新的資料覆蓋掉查詢出來的 data 物件。

程式位置：EFBlog/Applications/ArticleService/ArticleService.cs

```csharp
public async Task UpdateArticle(UpdateArticleViewModel model)
{
    var data = await _db.Articles
        .Where(x => x.Id == model.Id)
        .FirstOrDefaultAsync();

    if (data is null)
    {
        throw new Exception("search error");
    }

    data.Title = model.Title;
    data.ArticleContent = model.ArticleContent;
    data.IsDelete = model.IsDelete;
}
```

Step 05 利用 EF 物件標明這個資料是要更新回資料庫的，而不是新增資料，最後在使用 SaveChangeAsync 儲存資料。

程式位置：EFBlog/Applications/ArticleService/ArticleService.cs

```csharp
public async Task UpdateArticle(UpdateArticleViewModel model)
{
    var data = await _db.Articles
        .Where(x => x.Id == model.Id)
        .FirstOrDefaultAsync();

    if (data is null)
    {
        throw new Exception("search error");
    }

    data.Title = model.Title;
    data.ArticleContent = model.ArticleContent;
    data.IsDelete = model.IsDelete;

    _db.Articles.Update(data);
    await _db.SaveChangesAsync();
}
```

D.5 EF Core 刪除 Blog 文章

Step 01 介面 IArticleService.cs，新增 DeleteArticle() 方法。

程式位置：EFBlog/Applications/IArticleService.cs

```
2 個參考
Task<UpdateArticleViewModel> GetUpdateArticle(long id);
```

Step 02 實作文章刪除的方法。

程式位置：EFBlog/Applications/ArticleService.cs

```
public async Task DeleteArticle(long id)
{
    var rm = await _db.Articles.Where(x => x.Id == id)
            .FirstOrDefaultAsync();

    if (rm is not null)
    {
        _db.Remove(rm);
        await _db.SaveChangesAsync();
    }
}
```

Step 03 新增一篇文章，來進行刪除功能的測試。

我們新增「測試刪除」這篇文章。

Step 04 點擊刪除功能。

EFBlog　　Home　Create　Modify　Delete　Login

Step 05 查詢出可以刪除的文章，並點擊刪除。

EFBlog　　　　　　　　　　　　　≡

新增圖片　刪除

測試刪除　刪除

© 2022 - EFBlog - Privacy

Step 06 刪除後再次查詢可以刪除的文章，會發現剛剛那篇文章已被刪除。

EFBlog　　　　　　　　　　　　　≡

新增圖片　刪除

Step 07 也可以開資料庫，觀察資料表的變化。

資料表名稱：Articles

Id	Title	ArticleContent	IsDelete
6	新增圖片	\<p\>藍天白雲\</p\>\<figure class="image image_resized" s...	0

製作發文頁面 - CKEditor5 安裝及使用

常見的發文留言功都是用這個第三方套件來完成的,可見應用非常的廣,若能夠學習如何使用 CKEditor5 對未來開發一定會很有幫助。

官網:https://ckeditor.com/

E.1 下載 CKEditor5 套件

Step 01 進入官網。

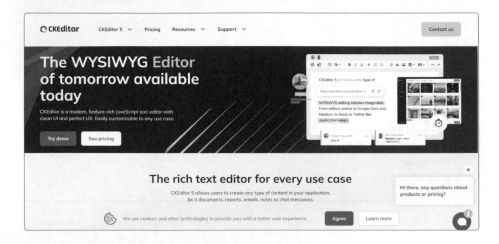

Step 02 點擊 CKEditor5 →向下選擇 Download。

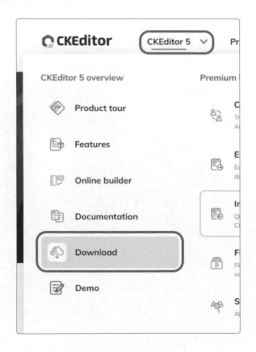

Step 03 選擇 Choose your build。

說明：官網提供了兩種方式下載套件。

1. Choose your build：
   自行選擇要安裝的套件內容，因為套件裡面會有很多不同的工具，像
   是是否要有上傳圖片的工具、文字顏色、文字大小等等的工具非常客
   製化。

2. Download it：
   官方會提供他們自己整理好的工具包，我們其實只要安裝或是直接使
   用 CDN 提供的 URL 之後依舊可以使用，只是官方會提供我們不需要
   多餘的功能，所以不建議直接使用。

Step 04 選擇 Choose your build → create a custom buil。

Step 05 選擇編輯器的樣式類型，此書範例是選擇 Classic 典型的。

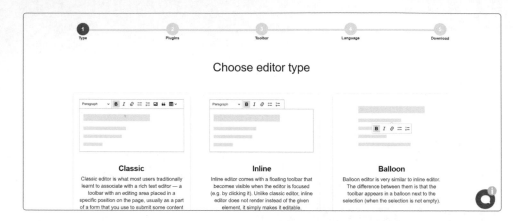

Step 06 選擇補丁，也就是發文輸入框有什麼樣子的功能，上面紅框是已經選擇的補丁，下面圈起來的就是各個補丁的描述。

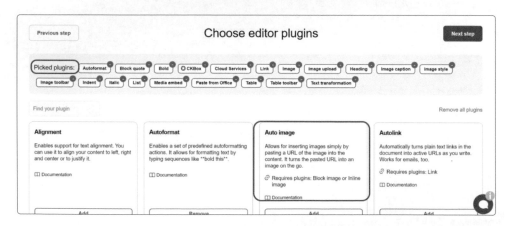

Step 07 如果要可以上傳圖片功能需要多安裝下面的補丁，選擇好後按 Next Step。

Step 08 確認想要使用的補丁，確定要用就把補丁往上拉。像是我確認要用粗體字補丁，就往上拉到上一層使用。

Step 09 選擇補丁的語言。

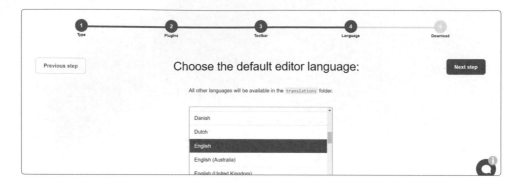

Step 10 點擊 Start 開始下載。

Step 11 下圖是此書範例所下載的套件。

E.2 安裝 CKEditor5

套件下載好之後就可以安裝到專案裡面。

Step 01 開啟 wwwroot。

Step 02 套件直接拉進 wwwroot 裡面。

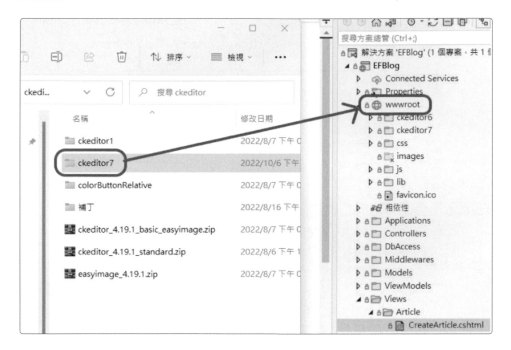

Step 03 在 View 程式裡面引用 Js 檔案，開啟 View/Article 裡面的 Create Article.cshtml 檔案。

筆記：wwwroot 資料夾是公開的靜態檔案，一般使用者可以套瀏覽器來查看這個資料夾裡面的檔案。

Step 04 開啟 Views/Article 裡面的 UpdateArticle.cshtml 檔案加上要綁定的物件。

程式位置：Views/Article/UpdateArticle.cshtml

```
@using EFBlog.ViewModels.ArticleService
@model UpdateArticleViewModel;
```

Step 05 要把編輯後的資料回傳回後端，所以這邊 http 的方法使用 Post。

程式位置：EFBlog/Views/Article/UpdateArticle.cshtml

```
@using EFBlog.ViewModels.ArticleService
@model UpdateArticleViewModel;

<form method="post">

</form>
```

Step 06 把要回傳的欄位使用 asp-for 的方式綁定到 html 裡面。

程式位置：EFBlog/Views/Article/UpdateArticle.cshtml

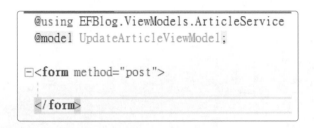

```
UpdateArticle.cshtml ⊕ ✕
1    @using EFBlog.ViewModels.ArticleService
2    @model UpdateArticleViewModel;
3
4   <form method="post">
5       <div class="form-group">
6
7           <input asp-for="Id" class="form-control" hidden/>
8
9       標題：
10          <input asp-for="Title" class="form-control"/>
11
12      是否停用：
13          <input asp-for="IsDelete" type="checkbox" class="form-check-input"/>
14
15          <textarea asp-for="ArticleContent" class="form-control" id="editor" style="width:700px;margin-right:auto;margin-left:auto;">
16              @Model.ArticleContent
17          </textarea>
18
19      </div>
20  </form>
21
```

> **筆記**：這邊要注意！因為是編輯文章資料，所以必須多綁定一個 Id 欄位，此 Id 欄位不需要給使用這看到，所以用 hidden 屬性把它隱藏起來。

Step 07 按鈕設定 type 為 submit，代表把資料傳送回去。

程式位置：EFBlog/Views/Article/UpdateArticle.cshtml

```
Article.cshtml ⊅ ×
    @using EFBlog.ViewModels.ArticleService
    @model UpdateArticleViewModel;

<form method="post">
    <div class="form-group">

        <input asp-for="Id" class="form-control" hidden/>

        標題：
        <input asp-for="Title" class="form-control"/>

        是否停用：
        <input asp-for="IsDelete" type="checkbox" class="form-check-input"/>

        <textarea asp-for="ArticleContent" class="form-control" id="editor" style="width:700px;margin-right:auto;margin-left:auto;">
            @Model.ArticleContent
        </textarea>

    </div>

    <button asp-controller="Article" asp-action="UpdateArticle" type="submit">Send</button>
</form>
```

> **筆記**：asp-controller 和 asp-action 寫在 button 跟寫在 form 裡面是相同作法喔，提供新寫法讓讀者參考。

Step 08 JavaScript 引用 CKEditor5。

程式位置：EFBlog/Views/Article/UpdateArticle.cshtml

```
24      @section Scripts {
25      <script src="~/ckeditor7/build/ckeditor.js"></script>
26      <script>
27          // ckEdit 5
28          ClassicEditor
29          .create( document.querySelector( '#editor' ) , {
30              ckfinder: {
31                  uploadUrl: '/Article/Uploads'
32                  }
33              })
34          .catch( error => {
35              console.error( error );
36          });
37      </script>
38      }
```

Step 09 請注意這邊是使用 JavaScript 綁定 textarea 這個 Html，讓 word 文字編輯器套用到 textarea 裡面，所以 textarea 裡面的 Id 要跟 querySelector 裡面的相同喔。

程式位置：EFBlog/Views/Article/UpdateArticle.cshtml

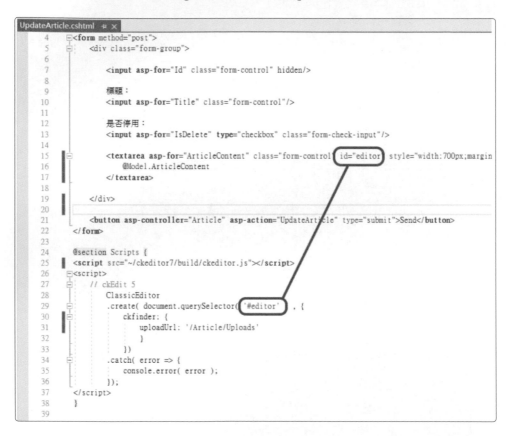

```
UpdateArticle.cshtml  ↗ ×
    4    <form method="post">
    5        <div class="form-group">
    6
    7            <input asp-for="Id" class="form-control" hidden/>
    8
    9            標題：
    10           <input asp-for="Title" class="form-control"/>
    11
    12           是否停用：
    13           <input asp-for="IsDelete" type="checkbox" class="form-check-input"/>
    14
    15           <textarea asp-for="ArticleContent" class="form-control" id="editor" style="width:700px;margin
    16               @Model.ArticleContent
    17           </textarea>
    18
    19       </div>
    20
    21       <button asp-controller="Article" asp-action="UpdateArticle" type="submit">Send</button>
    22   </form>
    23
    24   @section Scripts {
    25   <script src="~/ckeditor7/build/ckeditor.js"></script>
    26   <script>
    27       // ckEdit 5
    28       ClassicEditor
    29          .create( document.querySelector( '#editor' ) , {
    30              ckfinder: {
    31                  uploadUrl: '/Article/Uploads'
    32              }
    33          })
    34          .catch( error => {
    35              console.error( error );
    36          });
    37   </script>
    38   }
    39
```

E.3 CKEditor5 圖片上傳功能

Step 01 設定 CKEditor5 圖片上傳路徑，要符合 Controller 的路徑。

Step 02 實作上傳圖片，判斷上傳圖片是否長度為 0。

程式位置：EFBlog/Controllers/ArticleController.cs

```
public async Task<ImageUploadResponse> UploadImage(IFormFile upload)
{
    if (upload.Length <= 0) return null!;

    return null;
}
```

筆記：圖片上傳後會轉成 Byte 的資料格式。

Step 03 設定要存入系統的圖片名稱。

程式位置：EFBlog/Applications/ArticleService/ArticleService.cs

```csharp
public async Task<ImageUploadResponse> UploadImage(IFormFile upload)
{
    if (upload.Length <= 0) return null!;

    var fileName = Guid.NewGuid() + Path.GetExtension(upload.FileName).ToLower();

    return null;
}
```

Step 04 設定儲存到哪個路徑。

程式位置：EFBlog/Applications/ArticleService/ArticleService.cs

```csharp
public async Task<ImageUploadResponse> UploadImage(IFormFile upload)
{
    if (upload.Length <= 0) return null!;

    var fileName = Guid.NewGuid() + Path.GetExtension(upload.FileName).ToLo

    var filePath = Path.Combine(
        Directory.GetCurrentDirectory(), "wwwroot/images",
        fileName);

    return null;
}
```

Step 05 把圖片存入到指定位置。

程式位置：EFBlog/Applications/ArticleService/ArticleService.cs

```
public async Task<ImageUploadResponse> UploadImage(IFormFile upload)
{
    if (upload.Length <= 0) return null!;

    var fileName = Guid.NewGuid() + Path.GetExtension(upload.FileName)

    var filePath = Path.Combine(
            Directory.GetCurrentDirectory(), "wwwroot/images",
            fileName);

    using (var stream = File.Create(filePath))
    {
        //程式寫入的本地資料夾裡面
        await upload.CopyToAsync(stream);
    }

    return null;
}
```

Step 06 最後把儲存的路徑以及成功結果回傳到畫面。

程式位置：EFBlog/Applications/ArticleService/ArticleService.cs

```
public async Task<ImageUploadResponse> UploadImage(IFormFile upload)
{
    if (upload.Length <= 0) return null!;

    var fileName = Guid.NewGuid() + Path.GetExtension(upload.FileName).ToLower(

    var filePath = Path.Combine(
            Directory.GetCurrentDirectory(), "wwwroot/images",
            fileName);

    using (var stream = File.Create(filePath))
    {
        //程式寫入的本地資料夾裡面
        await upload.CopyToAsync(stream);
    }

    var url = $"{"/images/"}{fileName}";

    var reslult = new ImageUploadResponse
    {
        Uploaded = 1,
        FileName = fileName,
        Url = url,
        Msg = "sucess",
    };

    return reslult;
}
```

E.4 範例展示

E.4.1 只新增文字內容

`Step 01` 進入到新增文章畫面。

`Step 02` 輸入內容，按下發送。

Step 03 可以看到新增結果。

E.4.2 新增圖片內容

Step 01 進入到新增文章畫面,新增圖片。

Step 02 可以看到 UploadImage 有上傳圖片的資料。

```
2 個參考
public async Task<ImageUploadResponse> UploadImage(IFormFile upload)
已歷時 ≤ 1 毫秒
    if (upload.Length <= 0) return null!;

    var fileName = Guid.NewGuid() + Path.GetExtension(upload.FileNa

    var filePath = Path.Combine(
        Directory.GetCurrentDirectory(), "wwwroot/images",
        fileName);

    using (var stream = File.Create(filePath))
    {
        //程式寫入的本地資料夾裡面
```

upload	{Microsoft.AspNetCore.Http.FormFile}
ContentDisposition	檢視 ▾ "form-data; name=\"upload\"; filename=\"skybird.jpg\""
ContentType	檢視 ▾ "image/jpeg"
FileName	檢視 ▾ "skybird.jpg"
Headers	檢視 ▾ {Microsoft.AspNetCore.Http.HeaderDictionary}
Length	45951
Name	檢視 ▾ "upload"
靜態成員	
非公用成員	

Step 03 圖片上傳成功後，可以在瀏覽器的開發人員視窗看到圖片的路徑
位置，而這路徑位置就是系統產生的。

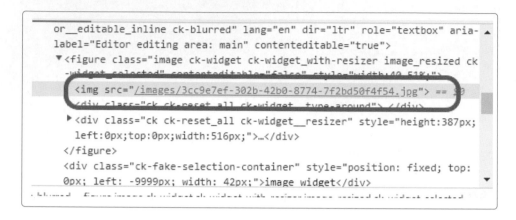

Step 04 儲存。

Step 05 點選新增圖片，可以看到圖片內容。

登入功能

F.1 製作登入畫面，表單驗證 FluentValidation

Step 01 下載 FluentValidation.AspNetCore，點擊工具→ NuGet 套件管理員→管理方案的 NuGet 套件。

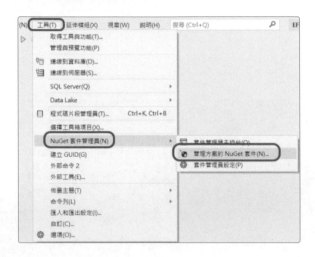

Step 02 輸入關鍵字→選擇 FluentValidation.AspNetCore →選擇要安裝在哪個套件上→按下安裝。

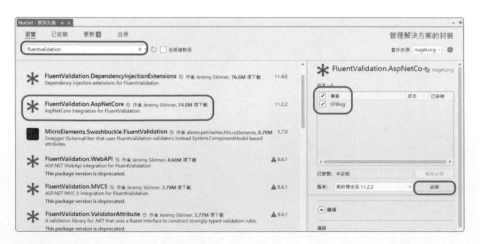

Step 03 輸入關鍵字→選擇 FluentValidation.AspNetCore →選擇要安裝在哪個套件上→按下安裝。

F.2　建立權限登入功能

Step 01　在 Applications 下面新增 Auth 資料夾並新增 IAuthService 和 AuthService。

Step 02　ViewModels 底下新增 Auth 資料夾,存放登入畫面會需要傳入的資料物件。

Step 03　Auth 資料夾→右鍵新增類別→輸入 LoginRequest.cs →新增。

Step 04 設定 Login 畫面要輸入的欄位。

程式位置：EFBlog/ViewModels/Auth/LoginRequest.cs

```csharp
namespace EFBlog.ViewModels.Auth
{
    0 個參考
    public class LoginRequest
    {
        0 個參考
        public string Pwd { get; set; } = string.Empty;
    }
}
```

Step 05 在 IAuthService，新增 LoginUserCheckPwd 函式，用作登入時驗
證使用者輸入的密碼是否正確。

程式位置：EFBlog/Applications/Auth/IAuthService.cs

```csharp
using EFBlog.ViewModels.Auth;

namespace EFBlog.Applications.Auth
{
    4 個參考
    public interface IAuthService
    {
        1 個參考
        Task<bool> LoginUserCheckPwd(LoginRequest model);
    }
}
```

Step 06 引用會用到功能。

程式位置：EFBlog/Applications/Auth/AuthService.cs

```csharp
using EFBlog.DbAccess;
using EFBlog.ViewModels.Auth;
using Microsoft.EntityFrameworkCore;
```

Step 07 先相依性注入 DbContext。

程式位置：EFBlog/Applications/Auth/AuthService.cs

```
private readonly ApplicationDbContext _db;

0 個參考
public AuthService(ApplicationDbContext db)
{
    _db = db;
}
```

筆記：輸入的資料需要跟資料庫的設定做比對，所以需要注入 DbContext 這個方法。

Step 08 在 AuthSercie 實作 LoginUserCheckPwd 函式裡面的內容，如果輸入正確會回傳 true。

程式位置：EFBlog/Applications/Auth/AuthService.cs

```
2 個參考
public async Task<bool> LoginUserCheckPwd(LoginRequest model)
{
    return await _db.AuthUsers.AnyAsync(x => x.Pwd == model.Pwd);
}
```

筆記：商業上實際做法在驗證密碼的時候，會把密碼進行 hash 運算之後跟資料庫儲存的 hash 值進行比對，此書簡化此流程以明碼進行說明。

Step 09 在資料表新增你的密碼。

	Account	Pwd	HttpMethod	FunctionPath	Enabled
1	admin	123			1

筆記：主要需要新增 Account、Pwd、Enable 這三個欄位。

F.3 製作登入畫面

前一小節製作了權限登入的功能，這一節我們來做登入畫面。

Step 01 開啟在前面章節有先新增的 Index.cshtml 畫面。

Step 02 引用在 ViewModels 新增的 Login 物件。

程式位置：EFBlog/ViewModels/Auth/Index.cshtml

```
@using EFBlog.ViewModels.Auth
@model LoginRequest
```

筆記：利用這個物件來當作前後端傳遞資料的媒介。

Step 03 因為是要從前端傳資料到後端，所以需要 Html 的 form 標籤，用 http Post 這個方法傳資料到後端的 LoginController、Index 這個 action。

程式位置：EFBlog/ViewModels/Auth/Index.cshtml

```
<form asp-action="Index" method="post">
</form>
```

Step 04 要傳遞的內容，並用 asp-for 這個方法讓 LoginRequest 這個物件
綁定到欄位裡面。

程式位置：ViewModels/Auth/Index.cshtml

```
<form asp-action="Index" method="post">

  <div class="mb-3">
    <label class="form-label">Password</label>
    <input asp-for=@Model.Pwd type="password" class="form-control">
  </div>

</form>
```

> **筆記**：asp-for 屬於 htmlhelper 的作法，可以到相關章節研究。

Step 05 加上按鈕，當按下後才可以觸發傳送。

程式位置：EFBlog/ViewModels/Auth/Index.cshtml

```
<form asp-action="Index" method="post">

  <div class="mb-3">
    <label class="form-label">Password</label>
    <input asp-for=@Model.Pwd type="password" class="form-control">
  </div>

  <button type="submit" class="btn btn-primary">Submit</button>

</form>
```

> **筆記**：button 的 type 類型有很多種，這邊要選擇 type=submit，才可以觸發表單傳送到後台的功能。

F.4 ▏ **LoginController 接收表單輸入的請求**

前面一節完成了前端輸入畫面,現在需要做接收表單請求的部分。

Step 01 因為前面表單是用 httpPost 的方式,將表單資料回傳所以這邊也
新增一個 Action,並放上 HttpPost 的屬性。

程式位置:EFBlog/Controllers/LoginController.cs

```
[HttpPost]
0 個參考
public async Task<IActionResult> Index(LoginRequest model)
{
    return View();
}
```

Step 02 相依性注入 IAuthServer

程式位置:EFBlog/Controllers/LoginController.cs

```
private readonly IAuthService _auth;

0 個參考
public LoginController(IAuthService auth)
{
    _auth = auth;
}
```

筆記: 當前端資料從 LoginRequest 傳入時,需要使用 AuthServer 裡面的
方法進行驗證,所以這邊需要先相依性注入 IAuthServer 這個介面才可以
使用這個 LoginUserCheckPwd 來驗證輸入的密碼。

Step 03 使用 LoginUserCheckPwd 驗證輸入的密碼，如果登入成功會進入
到函式裡面。

```
[HttpPost]
0 個參考
public async Task<IActionResult> Index(LoginRequest model)
{
    if (await _auth.LoginUserCheckPwd(model))
    {
    }

    return View();
}
```

Step 04 使用 Asp.net Core 提供的套件，System.Security.Claims。

```
using EFBlog.Applications.Auth;
using EFBlog.ViewModels.Auth;
using Microsoft.AspNetCore.Authentication;
using Microsoft.AspNetCore.Authentication.Cookies;
using Microsoft.AspNetCore.Mvc;
using System.Security.Claims;
```

Step 05 建立使用者的資料授權資料。

程式位置：EFBlog/Controllers/LoginController.cs

```
[HttpPost]
0 個參考
public async Task<IActionResult> Index(LoginRequest model)
{
    if (await _auth.LoginUserCheckPwd(model))
    {
        var claims = new List<Claim>
        {
            new Claim("UserCode",model.Pwd),
        };
    }

    return View();
}
```

> **筆記**：這邊是把使用者登入的資料，告訴系統說這個使用者是有授權過的，所以可讓他使用需要權限的功能。

Step 06 ClaimsIdentity 可以輸入 Claims 這個物件，而 Claims 存著使用者多個資料，所以 ClaimsIdentity 是存放使用者的眾多資料，像是帳號、email 等等來辨識身分用的資料。

程式位置：EFBlog/Controllers/LoginController.cs

```
[HttpPost]
0 個參考
public async Task<IActionResult> Index(LoginRequest model)
{
    if (await _auth.LoginUserCheckPwd(model))
    {
        var claims = new List<Claim>
        {
            new Claim("UserCode",model.Pwd),
        };

        var claimsIdentity = new ClaimsIdentity(
            claims,
            CookieAuthenticationDefaults.AuthenticationScheme);
    }

    return View();
}
```

Step 07 要當作身分辨識的資料都裝好後，放入 HttpContext.SignInAsync
裡面，並設定 Cookie 的時間，登入系統時的身分辨識資料會存在
用戶端的 Cookie 裡面。

```csharp
[HttpPost]
0 個參考
public async Task<IActionResult> Index(LoginRequest model)
{
    if (await _auth.LoginUserCheckPwd(model))
    {
        var claims = new List<Claim>
        {
            new Claim("UserCode",model.Pwd),
        };

        var claimsIdentity = new ClaimsIdentity(
            claims,
            CookieAuthenticationDefaults.AuthenticationScheme);

        await HttpContext.SignInAsync(
            CookieAuthenticationDefaults.AuthenticationScheme,
            new ClaimsPrincipal(claimsIdentity),
            new AuthenticationProperties
            {
                ExpiresUtc = DateTimeOffset.UtcNow.AddMinutes(1),
                IsPersistent = true,
            });

        return Redirect("/");
    }

    return View();
}
```

F.5 系統啟用身分驗證功能

前一節雖然設定好了 LoginController 接收到前端輸入的訊息後會開始進行身分驗證的程式碼，但其實還是不能用，因為我們使用的 Claims、ClaimsIdentity 等等的物件和方法，都是 Asp.Net Core 提供的方法，我們想要用這些方法，但系統還沒啟用，所以目前寫了也不會有效果，這一節我們就來啟用系統的驗證功能。

Step 01 開啟 Program.cs。

> **筆記：**想到啟用或是設定系統功能，就要從 Program.cs 進行設定。

Step 02 對系統服務註冊我要使用驗證、權限功能。

程式位置：EFBlog/Program.cs

```
// 註冊客製化介面
builder.Services.AddTransient<IArticleService, ArticleService>();
builder.Services.AddTransient<IAuthService, AuthService>();

builder.Services.AddAuthentication();
builder.Services.AddAuthorization();

var app = builder.Build();

app.UseMiddleware<ExceptionMiddleware>();
```

Step 03 多加設定 AddAuthentication 告訴系統驗證預設利用 Cookie 的方式進行驗證。

程式位置：EFBlog/Program.cs

```
builder.Services
    .AddAuthentication(options => options.DefaultScheme = CookieAuthenticationDefaults.AuthenticationScheme);
builder.Services.AddAuthorization();
```

Step 04 因為驗證資料存在 Cookie 裡面，這邊需要對 Cookie 進行設定，
效果是當點到需要身分驗證的功能的時候，會跳到登入畫面。

程式位置：EFBlog/Program.cs

```
builder.Services
    .AddAuthentication(options => options.DefaultScheme =
    .AddCookie(x =>
    {
        x.LoginPath = new PathString("/Login");
    });
```

Step 05 設定 Middleware，當網頁服務啟動的時候就啟用身分驗證這一個
功能。

程式位置：EFBlog/Program.cs

```
var app = builder.Build();

app.UseMiddleware<ExceptionMiddleware>();

// Configure the HTTP request pipeline.
if (!app.Environment.IsDevelopment())
{
    app.UseExceptionHandler("/Home/Error");
    // The default HSTS value is 30 days. You may wan
    app.UseHsts();
}

app.UseHttpsRedirection();
app.UseStaticFiles();

app.UseAuthentication();
app.UseAuthorization();

app.MapControllerRoute(
    name: "default",
    pattern: "{controller=Home}/{action=Index}/{id?}"

app.Run();
```

Step 06 打開 ArticleController →補上 using Microsoft.AspNetCore.
Authorization;。

程式位置：EFBlog/Controllers/ArticleController.cs

```
using EFBlog.Applications.ArticleService;
using EFBlog.ViewModels.ArticleService;
using Microsoft.AspNetCore.Authorization;
using Microsoft.AspNetCore.Mvc;
```

筆記：使用 Asp.net core 的驗證身分授權功能。

Step 07 在 CreateArticle 這個 Action，寫上 [Authorize] 進行修飾。

程式位置：EFBlog/Controllers/ArticleController.cs

```
[Authorize]
[HttpGet("CreateArticle")]
0 個參考
public IActionResult CreateArticle()
{
    return View();
}
```

筆記：想要進行身分驗證的 Controller 或是 Action 使用 [Authorize] 進行修飾，當有需求使用這些 Controller 或是 Action 的時候就會進行身分驗證，驗證有沒有 Cookie，如果沒有就會跳到登入畫面，範例上只把 Create Article 進行身分驗證的設定。

NOTE